智能感测器设计

张政国 林聿中 张国基 著

北京工业大学出版社

图书在版编目（CIP）数据

智能感测器设计 / 张政国，林聿中，张国基著．—北京：北京工业大学出版社，2018.12（2022.5 重印）
ISBN 978-7-5639-6623-3

Ⅰ．①智… Ⅱ．①张… ②林… ③张… Ⅲ．①智能仪器—设计 Ⅳ．①TP216

中国版本图书馆 CIP 数据核字（2019）第 022268 号

智能感测器设计

著　　者：张政国 林聿中 张国基
责任编辑：赵圆萌
封面设计：点墨轩阁
出版发行：北京工业大学出版社
（北京市朝阳区平乐园 100 号　邮编：100124）
010-67391722（传真）　bgdcbs@sina.com
经销单位：全国各地新华书店
承印单位：三河市明华印务有限公司
开　　本：787 毫米 ×1092 毫米　1/16
印　　张：12.25
字　　数：245 千字
版　　次：2018 年 12 月第 1 版
印　　次：2022 年 5 月第 3 次印刷
标准书号：ISBN 978-7-5639-6623-3
定　　价：59.80 元

前 言

计算机技术的飞速发展和计算机性能的不断提高，使得用机器模拟人的智能决策行为对复杂对象进行控制变得易于实现，这样的控制形式被称为智能控制。因此，智能控制是借助于计算机模拟人（包括操作人员及控制专家）对难以建立精确数学模型的复杂对象的智能控制决策行为，其基于控制系统的输入输出数据的因果关系推理，实现对复杂对象的控制。

自动控制的产生来源于人们对生产过程自动化的需求，它既可以减轻人们的劳动强度，又可以提高生产效率和产品质量。随着科学技术的迅猛发展，被控对象变得日益复杂，以至于人们难以用精确的数学模型加以描述，即使建立了非常复杂的数学模型，也难以用于实际的控制系统设计。面对难以用传统控制理论控制的复杂对象，具有一定操作经验的人员采用人工控制的方法往往能取得满意的控制效果。这些操作人员既不需要对象的数学模型，也不需要控制专家的指导，而是凭借操作经验，借助于仪器、仪表等传感器对被控对象隐含在输入输出数据中的动态行为不断观测与分析，并根据控制过程的要求，不断通过执行机构对被控过程加以调节，从而实现对复杂对象的有效控制。

本书以“智能感测器设计”为题，在论述控制理论的发展以及智能控制理论的基本内容基础上，重点探讨了自动化控制系统、基于人工智能算法的智能控制、智能优化算法及其原理、计算机监控系统与射频识别技术以及智能控制设计及其应用相关内容。

本书一方面注重构建较为科学、完善的知识结构，包含智能控制理论基础、自动控制系统的基础知识、人工智能算法以及智能优化等，这对智能感测器设计具有非常重要的意义；另一方面在论述中，尽可能贴近行业和产业发展的实际，力求论述清晰、系统全面、内容丰富、深入浅出，便于读者理解掌握。

笔者在撰写本书过程中，秉持着科学性、实用性和创新性的原则对智能感测器设计进行了探索。由于笔者学术水平和种种客观条件的限制，书中还存在缺陷与不足，希望各位读者能够提出宝贵意见，以待进一步修改，使之更加完善。

作　者

2018 年 12 月

目 录

第一章 绪 论

自动控制原理是研究自动控制的基本理论和自动控制共同规律的技术科学。自动控制原理主要讲述自动控制的基本理论和分析、设计控制系统的基本方法。本章围绕自动控制系统、控制理论的发展历程、智能控制展开论述。

第一节 自动控制系统

一、自动控制系统的概述

（一）自动控制系统的原理

自动控制是指在没有人直接参与的情况下，利用控制装置操纵受控对象，使受控对象的被控制量自动地按预定的规律运行。系统是指按照某些规律结合在一起的物体或元部件的组合，它们互相作用、互相依存，并完成一定的任务。能够实现自动控制的系统就可称为自动控制系统。例如，人造卫星按照指定的轨道运行，并始终保持正确的姿态，使它的太阳能电池一直朝向太阳，无线电天线一直指向地球；电网的电压和频率自动维持不变；金属切削机床的速度在电网电压或负载发生变化时，能自动保持近似不变，以上都是自动控制的结果。下面以温度控制系统为例来具体说明自动控制系统的基本原理。

如图 1-1[①]所示为一个温度人工控制系统。根据工件加工的工艺要求，系统的控制任务是保持加热炉的温度恒定或按一定的要求变化。炉内温度受到环境温度和工件数量的影响，调节燃气阀门的开度也可以控制炉内温度的高低。采用人工操纵时，靠人眼观察温度仪，根据实际温度和要求温度的误差情况，通过大脑的思考，用手调节燃气阀门的开度来控制炉内温度，使炉温能按要求变化。

---

① 本章图片均引自：邹见效．自动控制原理 [M]. 北京：机械工业出版社，2017.

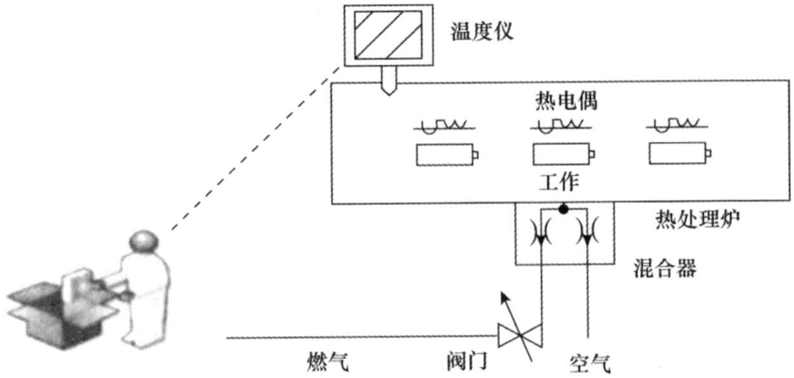

图 1-1 温度人工控制系统

如图 1-2 所示是一个温度自动控制系统。系统中，设定温度是通过调节给定电压(u_g)的值来调整的，热电偶检测到的温度信号经放大后作为反馈电压(u_t)，比较器的输出电压($\Delta u = u_g - u_t$)反映了设定温度和实际温度的偏差，Δu 放大后控制电动机调节气阀的开度就可以控制炉内温度的高低。若实际温度小于给定温度，即 $\Delta u > 0$，它放大后控制电动机开大阀门，调高炉温；若实际温度大于给定温度，即 $\Delta u < 0$，使电动机反转关小阀门，调低炉温。只要 $\Delta u \neq 0$，系统就会进行自动调节，直到实际温度与给定温度相等，即 $\Delta u = 0$，电动机停止转动，实现了温度的自动控制。

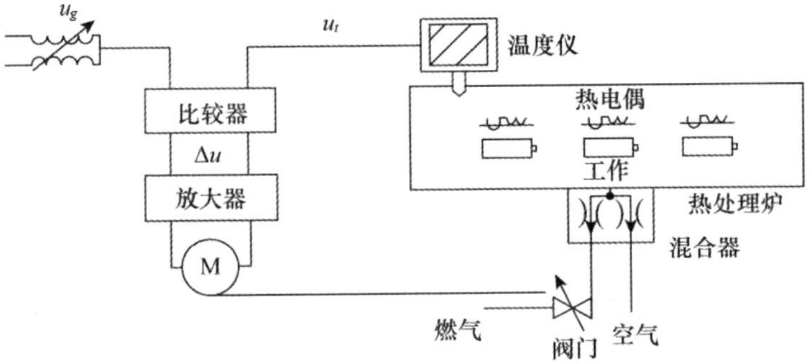

图 1-2 温度自动控制系统

在温度自动控制系统中，反馈电压相当于人眼观察到的实际温度，比较、放大及驱动电动机代替了人们大脑思考和手的作用，整个控制过程是在无人参与的情况下实现的。

可见，温度自动控制系统由比较器产生的偏差对系统产生控制作用，在炉温达到设定值时，偏差信号为零，控制作用消失，否则偏差信号不为零，电动机转动，控制调节阀门朝向减小误差的方向转动，实现了温度的自动控制。

（二）自动控制系统的组成部分

自动控制系统根据具体功能和控制要求的不同，可以有不同的控制装置或不同的结构形式。但是从工作原理角度来看，自动控制系统通常由一些具有不同职能的基本部分构成。如图 1-3 所示是一个典型的自动控制系统结构框图。

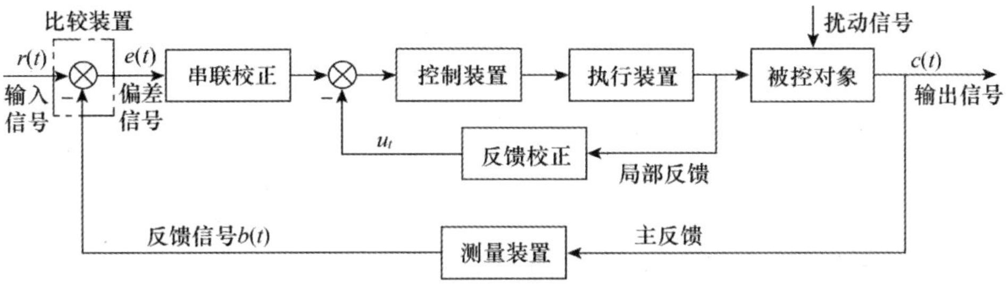

图 1-3 典型自动控制系统结构框图

下面解释各部分的含义：

测量装置：用以测量被控制量并转换成与输入信号相同的物理量作为反馈信号，反馈有主反馈和局部反馈之分。

比较装置：将输入信号与反馈信号进行比较，产生反映被控制量与要求值之间差值的偏差信号。

控制装置：按照某种函数关系产生控制信号，用以改善系统的控制性能的装置。它可能是一个简单的放大器，也可能是一个具有复杂控制规律的微型计算机。

执行装置：根据控制信号执行相应的控制作用，以便使被控制量按要求值变化，如阀门、电动机和液压装置等。

被控对象：又称控制对象和受控对象，常指需要进行控制的工作机械装置、设备或生产过程，如加热炉、汽车和飞机等。

校正装置：用以改善系统的控制性能的装置。

输入信号：又称给定量或给定输入，它是人们期望系统按照这个信号的要求而变化的指令信号。

输出信号：又称系统的被控量，是指被控对象中要求按一定规律变化的物理量，如温度、速度、流量和距离等。

反馈信号：反馈装置的输出信号。

偏差信号：给定输入信号与主反馈信号之差。

扰动信号：又称扰动输入，它是一种与控制作用相反、影响系统的输出使之偏离给定作用的信号，如温度自动控制系统总的工件数量、环境温度及燃气压力等变化量都属于扰动信号。

前向通道：从输入端沿箭头方向到达输出物的传输通道。

反馈通道：从输出端经反馈装置回到系统输入端的通道。

主回路：前向通道与主反馈通道一起构成的回路。

由自动温度控制系统可以进一步认识到基本反馈控制系统的一般组成结构。自动温度调节系统框图如图 1-4 所示，图中系统输入量是设定温度，系统输出量是室内温度，扰动信号是由房间向低温的室外流出的热量，执行机构是电动机和阀门，被控对象是加热炉，反馈信号是室内温度。

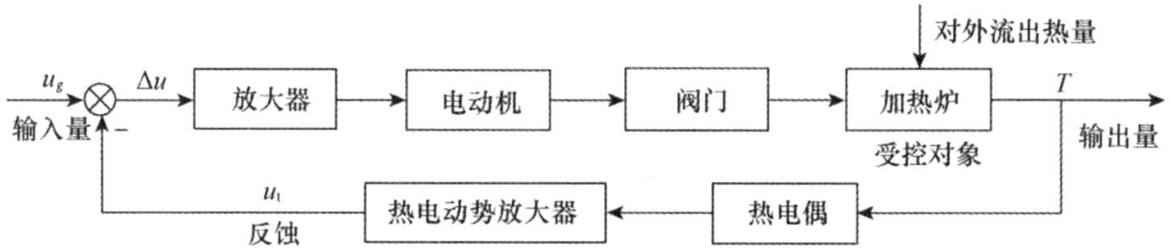

图 1-4 自动温度调节系统框图

二、不同自动控制系统的工作原理

自动控制系统有多种，如开环控制系统、闭环控制系统、复合控制系统、温度控制系统、压力控制系统、位置控制系统、线性系统和非线性系统、连续系统和离散系统、定常系统（时不变系统）和时变系统、确定性系统和不确定性系统、恒值控制系统、随动系统和程序控制系统等。

闭环控制是自动控制系统中最基本的控制方式，也是应用最广泛的一种控制方式。除此之外，还有开环控制方式和复合控制方式，它们都有各自的特点和不同的适用场合。

（一）开环控制系统工作原理

开环控制系统是指被控量反馈的系统，即需要控制的是被控对象的某一个量，而被控量对于控制作用没有任何影响的系统。信号由给定值至被控量单向传递。这种控制较简单，但有较大的缺陷，即对象或控制装置受到干扰或工作中特性参数发生变化时，会直接影响被控量，而使其无法自动补偿。因此，系统的控制精度难以保证。从另一种意义上理解，也意味着对被控对象和其他控制元件的技术要求较高。如数控线切制机进给系统、包装机等多采用开环控制系统。开环控制系统的原理框图如图 1-5 所示，信号流动是由输入端到输出端的单向流动。

图 1-5 开环控制系统的原理框图

（二）闭环控制系统工作原理

若控制系统中信号除从输入端到输出端外，还有从输出端到输入端的反馈信号，则构成闭环控制系统，也称反馈控制系统，如图 1-6 所示。闭环控制的定义是有被控制量反馈的控制。从系统信号流向看，系统的输出信号沿反馈通道又回到系统的输入端，构成闭合通道，故称闭环控制系统或反馈控制系统。无论是由于干扰造成的，还是由于结构参数的变化引起被控量出现偏差，这种控制方式就利用偏差去纠正偏差，故这种控制方式为按偏差调节。

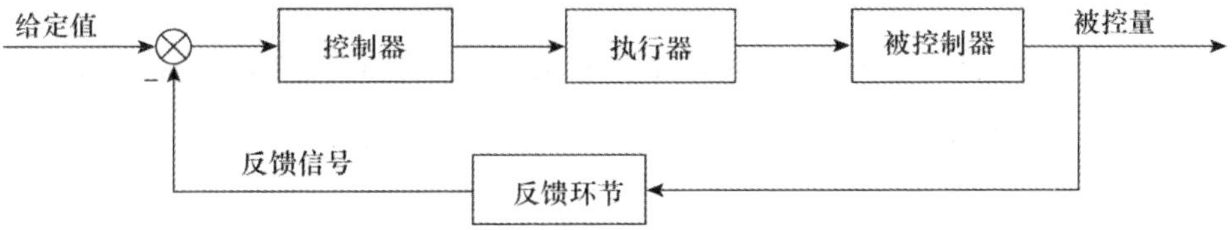

图 1-6 闭环控制系统的原理框图

闭环控制系统的优点是利用偏差来纠正偏差，使系统达到较高的控制精度。但与开环控制系统相比较，闭环控制系统的结构比较复杂，构造比较困难。需要指出的是，由于闭环控制存在反馈信号，且利用偏差进行控制，如果设计得不好，将会使系统无法正常和稳定工作。另外，控制系统的精度与系统的稳定性之间也常常存在矛盾。

（三）复合控制系统原理

开环控制和闭环控制方式各有优缺点，在实际工程中应根据工程要求及具体情况来决定采用何种控制方式。如果事先预知给定值的变化规律，且不存在外部和内部参数的变化，则采用开环控制较好；如果对系统外部干扰无法预测，且系统内部参数又经常变化，为保证控制精度，采用闭环控制则更为合适；如果对系统的性能要求比较高，为了解决闭环控制精度与稳定性之间的矛盾，可以采用开环控制与闭环控制相结合的复合控制系统或其他复杂控制系统。

三、自动控制系统的分类

自动控制系统根据控制方式及其结构性能和完成的任务，有多种分类方法。除了以上按控制方式分为开环控制系统、闭环控制系统和复合控制系统外，自动控制系统还可以根据系统输入信号分为恒值控制系统、随动控制系统和程序控制系统等；按系统性能又可以分为线性控制系统和非线性控制系统、连续控制系统和离散控制系统、定常控制系统和时变控制系统、确定性控制系统和不确定性控制系统等。

（一）按照系统输入信号形式划分

（1）恒值控制系统（自动调节系统）。这种系统的特征是输入量为一恒值，通常称为系统的给定值。恒值控制系统的任务是尽量排除各种干扰因素的影响，使输出量维持在给定值（期望值）。工业中的恒温、恒压、恒速等控制系统就是恒值控制系统。

（2）随动控制系统（跟踪控制系统）。该系统的输入量是一个事先无法确定的任意变化量，要求系统的输出量能迅速平稳地复现或跟踪输入信号的变化。雷达天线的自动跟踪系统和高炮自动瞄准系统就是典型的随动控制系统。

（3）程序控制系统。该系统的输入量不是常值，而是事先确定的运动规律，编成程序装入输入装置中，即输入量是事先确定的程序信号，控制的目的是使被控对象的被控量按照要求的程序动作。数控机床就属于此类系统。

（二）按照系统微分方程形式划分

（1）线性控制系统。该系统的组成元件的特性均为线性的，可用一个或一组线性微分方程来描述系统输入和输出之间的关系。线性控制系统的主要特征是具有齐次性和叠加性。

（2）非线性控制系统。在系统中只要有一个特性不能用线性微分方程描述其输入和输出关系，则称为非线性控制系统。非线性控制系统还没有一种完整、成熟、统一的分析法。通常对于非线性程度低的控制系统，做近似分析时，均可用线性控制系统的理论和方法来处理。

（三）按照系统参数与时间的关系划分

（1）定常控制系统。如果描述系统特性的微分方程中各项系数都是与时间无关的常数，则称为定常控制系统。该系统只要输入信号的形式不变，在不同时间输入其输出响应形式是相同的。

（2）时变控制系统。如果描述系统特性的微分方程中至少有一项系数是时间的函数，此系统则称为时变控制系统。

（四）按照系统信号形式划分

（1）连续控制系统。控制系统中所有元件的信号都是随时间连续变化的，信号的大小均是可任意取值的模拟量，则称为连续控制系统。

（2）离散控制系统。离散控制系统是指系统中有一处或数处的信号是脉冲序列或数码。若系统中采用了采样开关，将连续信号转变为离散的脉冲形式的信号，此类系统也称为采样控制系统或脉冲控制系统。若采用数字计算机或数字控制器，其离散信号是以数码形式传递的，此类系统也称为数字控制系统。在这种控制系统中，一般被控对象的输入或输出是连续变化的信号，控制装置中的执行部件也常常是模拟式的，但控制器是用计算机实现的，所以，系统中必须有信号变换装置，如模－数转换器和数－模转换器。

（五）按照系统控制作用点个数划分

（1）单输入单输出控制系统。若系统的输入量和输出量各为一个，则称其为单输入单输出控制系统，简称单变量控制系统。

（2）多输入多输出控制系统。若系统的输入量和输出量多于一个，称为多输入多输出控制系统，简称多变量控制系统。对于线性多输入多输出控制系统，系统的任何一个输出都等于数个输入单独作用下输出的叠加。

另外，自动控制系统还可以按系统的其他特征来分类，如按元件类型可分为机械控制系统、电器控制系统、机电控制系统、液压控制系统、气动控制系统和生物控制系统等；按系统功用可分为温度控制系统、压力控制系统、流量控制系统和位置控制系统等。一般为了反映自动控制系统的特点，常常将上述各种方法组合应用。

四、自动控制理论发展历史

最早的自动控制技术的应用可以追溯到我国古代的自动计时器和漏壶指南车，而自动控制技术的广泛应用则开始于欧洲工业革命时期。英国人瓦特在发明蒸汽机的同时，应用反馈原理，于1788年发明了离心式调速器。当负载或蒸汽供给量发生变化时，离心式调速器能够自动调节进气阀门的开度，从而控制蒸汽机的转速。1868年，以离心式调速器为背景，物理学家麦克斯韦研究了反馈系统的稳定性问题，发表了《论调速器》。随后，源于物理学和数学的自动控制原理开始逐步形成。1892年，俄国学者提出了李雅普诺夫稳定性理论。20 世纪初，PID 控制器出现，并获得广泛应用。1927 年，为了使广泛应用的电子管在其性能发生较大变化的情况下仍能正常工作，反馈放大器正式诞生。从而，确立了“反馈”在自动控制技术中的核心地位，并且大量有关系统稳定性和性能品质分析的研究成果也应运而生。随着电子放大器的应用，第一次世界大战以后的几十年内远距离电话已经成为可能。然而随着距离的增加，电能的损耗也在增加，除了需要增大传输线的直径外，还需要增加放大器的数量来弥补损失的能量。但是，大量的放大器又引发了严重的失真，因为那时候用于放大器的都是电子管，其有微小的非线性，相乘的次数多了之后必然会产生严重失真。为了解决这个问题，贝尔实验室的通信工程师开始转向复数域分析，描述了如何通过环路频率响应图确定系统的稳定性。根据这一理论，有学者提出了一种设计反馈放大器的方法，这种方法同样在反馈控制设计中得到了广泛应用。随着反馈放大器的发展，反馈控制在工业中的应用越来越普遍。①

飞球式调速器是最早的控制发动机的调速装置，其结构如图 1-7 所示。当两只重球绕着中心轴旋转时，调速器整体看起来就像一个圆锥，并且圆锥母线与转动轴的角度已经确定。当突然给发动机施加负载时，发动机的转速降低，调速器的重球随之掉下一定角度，以此通过球的角度就可以用于自动检测输出速度。由于重球角度的减小，控制杆打开蒸汽室的主阀门，让更多的蒸汽进入发动机，补偿了因负载增加而减小的转速。

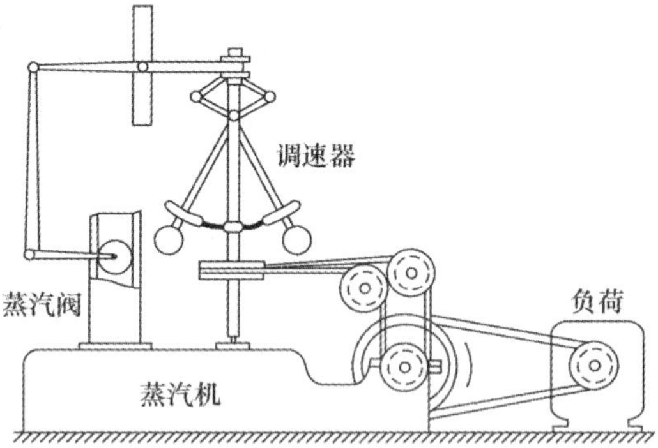

图 1-7 飞球式调速器结构图

20 世纪 40 年代是系统和控制思想空前活跃的年代，1945 年贝塔朗菲提出了系统论，1948 年维纳提出了著名的控制论，至此形成了完整的控制

① 黎洪洲．机电控制系统自动控制技术与一体化设计 [J]. 信息系统工程，2013（8）：36-37.

理论体系——以传递函数为基础的控制理论，它主要研究单输入单输出、线性定常系统的分析和设计问题。劳斯提出劳斯判据证明稳定性不久，俄国数学家李雅普诺夫开始研究运动稳定性方程。他主要研究运动的非线性微分方程，包括线性方程的一些结果，这和劳斯判据是等价的。他的工作是现在控制理论中状态变量法的基础，但是直到 1957 年，他的成果才被引入控制文献中。

20 世纪 50 年代，美国以及苏联的几位科学家，利用常微分方程模型研究控制系统。在“二战”期间由维纳和菲利浦开创的最优控制被推广为基于变量微积分非线性系统的最优轨迹线。这些成果没有使用频率响应以及特征方程的概念，而是以“正常”形式或“状态”形式直接研究常微分方程，并使用计算机作为辅助。尽管研究常微分方程的基础早在 19 世纪末就已经建立，但人们还是把这种方法称为现代控制，以区别于用伯德的复数变量法和其他方法进行研究的经典控制。20 世纪五六十年代，人类开始探索太空，1957 年，苏联成功发射了第一颗人造地球卫星，1968 年美国阿波罗号飞船成功登上月球。在这些举世瞩目的成功中，自动控制技术起着不可磨灭的作用，也因此催生了 20 世纪 60 年代第二代控制理论——现代控制理论的问世，其中包括以状态为基础的状态空间法、贝尔曼的动态规划法和庞特里亚金的极小值原理，以及卡尔曼滤波器。现代控制理论主要研究具有高性能、高精度和多耦合回路的多变量系统的分析和设计问题。第二次世界大战对反馈控制领域的发展起了巨大的推动作用。美国麻省理工学院的辐射实验室整合了伯德的反馈放大器理论和过程控制中的 PID 控制以及维纳提出的随机过程理论等，设计了伺服控制。伊文思针对飞机导航和控制中不稳定或中性稳定的动态特性问题，提出了特征方程的某个参数改变时的运动轨迹分析稳定性方法。他的方法既适合于设计，也适合于稳定性分析，被称为根轨迹法。

从 20 世纪 70 年代到今天，自动控制的研究应用一直处于发展之中，并寻求利用每一种技术的最佳特点。随着计算机技术的不断发展，出现了许多以计算机控制为代表的自动化技术，如可编程序控制器和工业机器人，自动化技术发生了根本性的变化，其相应的自动控制科学研究也出现了许多分支，如自适应控制、混杂控制、模糊控制和神经网络控制等。此外，控制论的概念、原理和方法还被用于社会、经济、人口和环境等复杂系统的分析与控制，从而形成了经济控制论和人口控制论等学科分支。

五、自动控制系统的要求

自动控制系统的基本任务是：根据受控对象和环境的特性，在各种扰动和不确定性因素作用下使系统的被控量能够按照预定的规律变化。虽然控制系统的类型很多，物理属性的差别也很大，但是预定的规律不外乎是两类：一类是维持被控量在期望的常值上；另一类是使系统的输出量准确地跟踪输入量的变化。

各类控制系统是动态系统，系统中含有储存信息的元件，在外界输入信号作用下系统响应是一个动力学变化的过程，呈现出“惯性”的特点。因此，当输入量发生变化时，系统的输出量从原稳态值变化到新的稳态值需经历一定的时间，这一时间称为过渡过程时间。整个控制系统的响应过程分为两个阶段：暂态过程和稳态过程，暂态过程结束后系统就进入稳态过程。对稳态过程的基本要求是：在稳态时系统输出量的实际值与期望值之差在要求范围内，即系统具有较高的控制精度或控制准确度。

（1）稳定性。稳定性是系统能够正常工作的首要条件，它是系统的固有属性，由系统的结构和参数决定，与外部输入信号无关。快速性是指系统重新恢复平衡工作的能力。当系统输入量改变或受到干扰作用时，经过一段时间的控制过程后，其被控量可以达到某一稳定状态，则称系统是稳定的，否则为不稳定。不同的控制系统在阶跃给定信号作用下的响应也不相同。如图1-8a 所示为稳定系统在阶跃给定信号作用下的响应情况，如图 1-8b 所示为不稳定系统在阶跃给定信号作用下的响应情况，曲线 1 为等幅振荡现象，曲线 2 为发散振荡现象，最终系统不能达到平衡，无法正常工作。

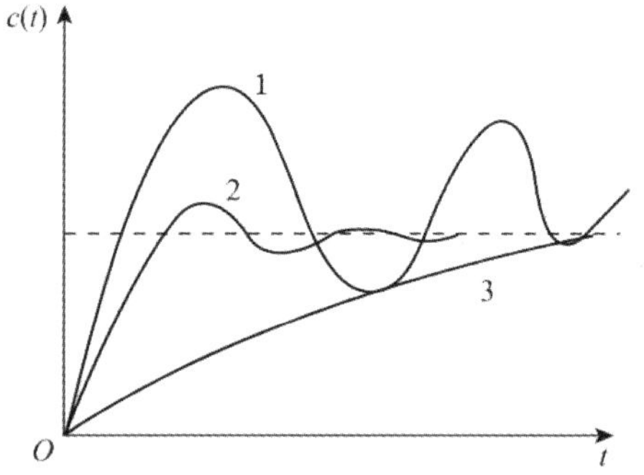

a. 稳定系统的响应情况

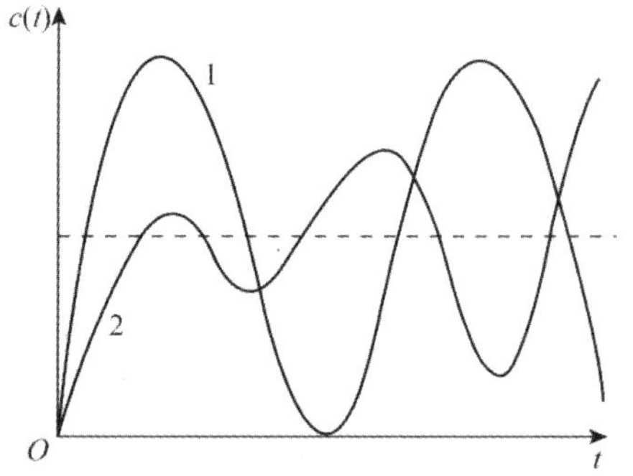

b. 不稳定系统的响应情况

图 1-8 控制系统在阶跃信号作用下的响应

（2）暂态性能。暂态性能是指输入作用改变后系统重新达到平衡状态前的特性。对于一个稳定系统，暂态过程响应的平稳性和快速性都是非常重要的。

如果平稳性差，即动态过程振荡激烈，不但会使控制质量下降，而且会导致系统中的元件和设备损坏。如图 1-9a 所示曲线中，曲线 2 比曲线 1 有更好的平稳性。

快速性是由动态过程的时间长短来表征的。动态过程也称为过渡过程，过渡过程时间越短，表明快速性越好。

（3）稳态性能。系统的稳态输出与给定输入所要求的期望输出之间的误差称为稳态误差。控制系统的稳态性能是由稳态误差来表征的，它反映了系统的稳态精度。稳态误差越小，表示系统的输出跟随输入的精度越高，准确性越好。

对于温度、压力和速度等恒值控制系统，由于系统一般工作在稳态，稳态精度会直接影响产品的质量，所以准确性是这类控制系统最为重要的性能指标之一。

第二节 控制理论的发展历程

从 1948 年维纳创立控制论至今，尤其是近半个世纪以来，由于科学技术和生产力的迅猛发展，特别是计算机技术和自动化技术的飞速发展，推动了控制理论的快速发展。控制理论的发展历程可以概括为经典控制理论、现代控制理论和智能控制理论三个阶段。

一、经典控制理论

自动控制思想的产生可追溯到 18 世纪中叶英国的第一次工业革命，在 1769—1788 年，发明了蒸汽机和气球调节器；1868 年，一类蒸汽机调节器的数学模型建立，并完成了稳定性分析；1872 年和 1890 年，系统稳定性的代数判据被提出；1892 年，俄国学者提出了用能量函数研究系统稳定性问题的一般方法；1927 年，美国贝尔实验室发明了反馈放大器；1932 年，通过分析反馈放大器，利用频率特性，形成了奈奎斯特•伯德法；同年，瑞典学者研究出了系统稳定性分析方法；1946 年，有学者提出根轨迹法。

第二次世界大战期间，维纳参加了火炮自动控制系统的研究工作，通过将火炮自动瞄准飞机与狩猎行为做类比，发现了反馈的重要概念。在系统地总结前人研究成果的基础上，1948 年他发表了《控制论》一书，这被作为经典控制理论的起点。1954 年，钱学森的《工程控制论》英文著作出版，推动了工程领域控制系统的研究。从 20 世纪 40 年代中期至 50 年代末期是经典控制理论的形成期。

在经典控制理论中，被控对象的频率特性是设计系统的主要依据，整个系统的性能指标也是通过引入控制器来整定开环系统频率特性的方法而实现的。由于对象的频率特性靠实验测试等手段获得，不可避免地带有不确定性，这导致经典控制理论所设计的控制器在很大程度上靠现场调试，才能得到满意的控制性能。

被称为第一代控制理论的经典控制理论主要应用频率法解决单输入单输出、线性定常系统的自动调节问题及单机自动化问题，对于低阶非线性系统，采用相平面法、描述函数法进行分析。

二、现代控制理论

20 世纪 50 年代末，随着数控技术的发展，需要解决批量生产自动化的问题。1957 年，苏联发射了世界上第一颗人造地球卫星，由于航空航天领域的控制对象变得越来越复杂，迫切需要解决非线性、时变、分布参数、不确定性、多输入多输出系统分析、综合控制问题以及在某种目标函数下的优化控制问题。单纯依赖经典控制理论难以解决上述控制问题，迫切需要创立新的控制理论以解决上述问题。另外，这一时期计算机技术发展和现代数学的成就使得许多求解问题可以借助于计算机完成。例如，可以将难以求解的高阶微分方程化作一阶差分方程组，通过计算机迭代求解。

1956 年，苏联数学家提出了极大（小）值原理。同年美国数学家提出了动态规划方法。1959 年，美国数学家提出了著名的卡尔曼滤波器。1960 年前后，控制工作者发现传递函数对于多变量系统往往只能反映系统输入输出之间的外部关系，而具有相同传递函数的不同系统可以有完全不同的内在结构。为了解决结构不确定性问题，1960 年，卡尔曼又提出了能控性与能观性两个结构性新概念，揭示了线性控制系统中许多属性间的本质联系，还提出了具有二次型性能指标的线性状态反馈律与最优调节器等概念，从而建立了状态空间法。

在 1960 年国际自动控制联合会第一届大会上，卡尔曼发表了《控制系统的一般理论》以及相继发表的《线性估计和辨识问题的新成果》，奠定了现代控制理论的基础。在这次大会上，正式确定“现代控制理论”名称。因此，1960 年被作为现代控制理论创立的标志年。

20 世纪七八十年代，现代控制理论获得了迅速发展。瑞典教授为发展现代控制理论，尤其是在随机控制、系统辨识、自适应控制和控制理论的代数方法方面都做出了重要贡献，并成功用于船舶驾驶、惯性导航、造纸、化工等领域。在自适应控制方面，法国教授基于超稳定性理论成功地建立了模型参考自适应控制器和随机自校正调节器的设计方法和分析理论，并应用于工程实践，取得了卓著的成效。

20 世纪八九十年代以来，科学家创立了现代鲁棒控制。同时，人们将微分几何、微分代数等数学方法引入非线性系统分析，利用微分几何方法在反馈线性化方面取得了许多成果。

为了解决非线性系统控制的问题，现代控制理论都需要在状态空间中以状态方程等数学模型为主要设计依据，依靠线性代数、微分几何以及最优化方法等严谨的数学工具，采用数学解析的手段来设计控制系统。然而实际上非线性特性千差万别，能够实现反馈线性化的系统只是极少数。通常用机理推导建模或采用在线系统辨识动态模型的方法，都会存在建模的不精确性，包括噪声的随机性及未建模动态的不确定性等。另外，计算机有限字长带来的舍入误差在不断地辨识、迭代运算过程中，系统的误差往往积累到临界程度而易导致控制算法发散。即使所设计的控制系统运行正常，其理论上预期的性能指标也难以实现，而且基于现代控制理论设计的控制器的现场调试更为复杂，有时甚至显得无从下手。此外，当采用带有系统辨识的自适应控制时，由于辨识与控制算法计算复杂且需要较长时间，难以满足实时性要求苛刻的控制系统需要。当对复杂非线性系统采用线性化及忽略一些因素做简化模型处理时，往往又会导致控制性能达不到要求。总之，线性鲁棒最优控制和非线性微分几何控制理论在解决某些复杂非线性系统控制难题方面仍面临着严峻的挑战。

20 世纪 80 年代初，已建立起来的系统辨识和自适应控制理论，在解决一些复杂非线性系统控制问题方面仍存在着严重缺陷。对于一些复杂非线性系统控制问题，仅仅依靠传统的建立精确模型并通过计算机解析方式实现控制的方法是不可取的。于是，将传统控制算法与启发逻辑相结合，研究并设计了专家控制系统的结构，对将传统控制和人工智能的启发式逻辑推理相结合设计专家控制系统做出了贡献。

三、智能控制理论

随着科学技术的发展，被控对象变得越来越复杂。被控对象的非线性、时变性、不确定性等使得难以建立其精确的数学模型，这也使得基于被控对象精确数学模型的经典控制理论和现代控制理论受到了严峻的挑战。在缺少精确数学模型的情况下，为了解决自动控制的问题，控制界的专家、学者在深入研究人工控制系统中人的智能决策行为的基础上，将人工智能和自动控制相结合，逐渐创立了智能控制理论。

20 世纪 60 年代，由于空间技术、计算机技术和人工智能技术的发展，控制界学者探索将人工智能和模式识别技术同自动控制理论相结合。1965 年，美国普渡大学学者提出把人工智能中的启发式规则用于学习系统。此前，利用模式识别技术解决复杂系统的控制问题被提出。1965 年，加利福尼亚大学教授创立了模糊集合论，为解决复杂系统的控制问题提供了模糊逻辑推理工具。同年有学者将人工智能技术用于空间飞行器的学习控制，提出了人工智能的概念。1967 年，人类首次使用智能控制。可见 20 世纪 60 年代是智能控制的初创期。

20 世纪 70 年代初，从控制论角度可以总结人工智能技术与自适应、自组织、自学习控制的关系，先后提出智能控制是人工智能技术与自动控制理论的交叉，是人工智能与自动控制和运筹学的交叉，并创立了递阶智能控制的结构。1974 年，英国博士研制了第一个模糊控制器，用于控制实验室蒸汽发动机控制。1979 年，又成功研制出了组织模糊控制器。模糊控制与专家系统相结合推动了模糊专家系统研究的进一步发展及应用。

1982 年，美国集团公司等研制车间调度专家系统。1983 年，把智能控制用于机器人控制。1984 年，USP 公司成功开发分布式实时过程控制专家系统（PICON）。1986 年，开发了混合专家控制器（HEXSCON）。1986 年，科学家将传统控制算法同启发式逻辑相结合研制了专家控制系统，后来又发表了智能控制方面的论文。1987 年，福克斯波罗公司开发了新一代 IA 智能控制系统。

20 世纪 80 年代中后期，由于人工神经网络研究获得了重要进展，提出了基于人工神经网络的智能控制设计思想。1987 年，电气和电子工程师协会（IEEE）在美国召开第一次智能控制国际会议，这是控制理论发展到智能控制阶段的重要标志。

20 世纪 90 年代，智能控制研究和应用出现热潮，模糊控制与人工神经网络先后用于过程工业、家电产品、地铁、汽车、机器人、直升机等领域。在国际上先后由国际会计师联合会（IFAC）创办了 *Engineering Applications of Artificial Intelligence*，由 IEEE 创办了 *Neural Networks* 和 *IEEE Transactions on Fuzzy Systems* 等多种有关智能控制的刊物，每年都有多个相关的国际学术会议召开，这些都表明智能控制理论及应用在控制科学与工程中已经占有了重要地位。

21 世纪以来，随着科学技术的迅速发展，人们对日益复杂对象的控制性能提出了越来越高的要求，智能控制正在向数字化、网络化方向发展，必将在自动化领域中发挥更大的作用。

第三节 智能控制

一、智能控制概述

（一）智能控制的认知

智能控制包含“智能”与“控制”两个关键词。控制一般是自动控制的简称，而自动控制通常指反馈控制。因此，智能控制即智能反馈控制。智能控制遵循反馈控制的基本原理，它是基于智能反馈的自动控制。智能控制系统是自动控制系统与智能系统的融合。智能控制中的“智能”是人工智能的简称。因此，智能从计算机模拟人的智能行为中来。

人脑是一部不寻常的智能机，它能以惊人的速度解释感觉器官传来的含混不清的信息。它能感觉到喧闹房间内的窃窃耳语，能够识别出光线暗淡的胡同中的一张面孔，也能识别某项声明中的某种隐含意图。最令人佩服的是人脑不需要任何明白的讲授，便能学会创造，使这些技能成为可能的内部表示。

人的智能来自人脑和人的智能（感觉）器官。因此，人的智能是通过智能器官从外界环境及要解决的问题中获取信息、传递信息、综合处理信息、运用知识和经验进行推理决策、解决问题过程中表现出来的区别于其他生物的高超智慧和才能的总和。

人的智能主要集中在大脑，但大脑又是靠眼、耳、鼻、皮肤等智能感觉器官从外界获取信息并传递给大脑供其记忆、联想、判断、推理、决策等。为了模拟人的智能控制决策行为，就必须通过智能传感器获取被控对象输出的信息，并通过反馈传递给智能控制器，做出智能控制决策。

研究表明，人脑左半球主要同抽象思维有关，体现有意识的行为，表现为顺序、分类、语言、局部、线性等特点；人脑右半球主要同形象思维有关，具有知觉、直觉，表现为并行、综合、总体、立体等特点。

人类高级行为首先是基于知觉的，然后才能通过理性分析取得结果，即先由大脑右半球进行形象思维，然后通过左半球进行逻辑思维，再通过胼胝体联系并协调两半球的思维活动。维纳在研究人与外界相互作用的关系时曾指出：“人通过感觉器官感知周围世界，在脑和神经系统中调整获得的信息。经过适当的存储、校正、归纳和选择（处理）等过程而进入效应器官反作用于外部世界（输出），同时也通过像运动传感器末梢这类传感器再作用于中枢神经系统，将新接受的信息与原储存的信息结合在一起，影响并指挥将来的行动。”①

（二）智能模拟的途径

控制论的基本问题之一就是模拟和综合人类智能问题，这是控制论的焦点。向人脑（生物脑）学习是唯一的捷径。

智能控制归根到底是在控制过程中模拟人的智能决策方式，模拟人的智能实质上是模拟人的思维方式。人的思维方式是概念、判断和推理，人的思维类型可分为三种：抽象思维（逻辑思维）、形象思维（直觉思维）、灵感思维（顿悟思维）。

智能控制中的智能是通过计算机模拟人类智能产生的人工智能，通常利用计算机模拟人的智能行为有以下三种途径：

（1）符号主义——基于逻辑推理的智能模拟。符号主义是从分析人类思维过程（概念、判断和推理）出发，把人类思维逻辑加以形式化，并用一阶谓词加以描述问题求解的思维过程。基于逻辑的智能模拟是对人脑左半球逻辑思维功能的模拟，而传统的二值逻辑无法表达模糊信息、模糊概念。因此，模糊集合成为模拟人脑模糊思维形式的重要数学工具。把模糊集合理论同自动控制理论相结合便形成了模糊控制理论。

（2）联结主义——基于神经网络的智能模拟。联结主义是从生物、人脑神经系统的结构和功能出发，认为神经元是神经系统结构和功能的基本单元，人的智能归结为联结成神经网络的大量神经元协同作用的结果。这种通过网络模拟方式在一定程度上模拟大脑右半球形象思维的功能，把神经网络理论同自动控制理论相结合，便形成了神经网络控制理论。

（3）行为主义——基于感知－行动的智能模拟。行为主义从人的正确思维活动离不开实践活动的基本观点出发，认为人的智能是由于人与环境在不断交互作用下，人在不断适应环境的过程中，会逐渐积累经验，不断提高感知－行动结果的正确性。从广义上讲，行为主义可以看作人在不断感知－行动过程中，体现出的智能决策行为。将控制专家的控制知识、经验及控制决策行为同控制理论相结合，便形成了专家控制、仿人智能控制理论。

设计一个好的智能控制系统，不仅要有好的智能控制决策（控制规律、控制算法、控制规则），而且还要应用智能优化方法在线自适应地优化控制器的结构及参数。

---

① 李士勇，李研．智能控制 [M]. 北京：清华大学出版社，2016.

二、智能控制的多学科交叉理论

1971年，把智能控制作为自动控制（AC）与人工智能（AI）的交叉；1977年，把运筹学（OR）加入其中，即把智能控制看作自动控制和人工智能、运筹学的交叉；1987年，将信息论（IT）加入其中，把智能控制看作自动控制、人工智能、运筹学和信息论的交叉。通过深入分析智能控制的多学科交叉结构可知，自动控制是通过系统得以实现的，因此，系统论（ST）也应该加在其中，而控制论又涵盖了自动控制，可用控制论取代自动控制。①这样，智能控制就是控制论、系统论、信息论、人工智能与运筹学五个学科的交叉。

应该指出，传统的运筹学往往是一种基于精确数学模型的优化技术。而智能控制的对象往往缺乏精确的数学模型，因此，在智能控制中用于优化控制器的结构和参数目前多采用不基于精确数学模型的计算智能（CI）优化方法。如果用计算智能优化取代传统的运筹学方法，则智能控制是控制论与系统论、信息论、人工智能、计算智能的五元交集结构。

将智能控制学科看作五个学科的交叉融合，则控制论的原理和方法被运用于工程技术领域而形成的工程控制论，后来被人们广泛理解为自动控制理论。众所周知，从一个自动控制系统的组成及工作原理可以看出，它首先应用了系统论中系统的概念，由被控对象、传感器、控制器等构成一个系统，而通过传感器从被控对象输出获得信息，为控制器做控制决策提供依据。不难看出，通过反馈把对象（包含执行机构的广义对象）、传感器与控制器联系在一起构成闭环系统，使它们相互作用、相互制约，完成控制的任务。

三、智能控制系统的功能

智能控制系统的功能有下面三点：

（1）学习功能。智能控制系统对一个过程或未知环境所提供的信息进行识别、记忆、学习，并利用积累的经验进一步改善系统的性能，这种功能与人的学习过程相类似。

（2）适应功能。这种适应能力包括更高层次的含义，除包括对输入输出自适应估计外，还包括故障情况下自修复等。

（3）组织功能。对于复杂任务和分布的传感信息具有自组织和协调功能，使系统具有主动性和灵活性。智能控制器可以在任务要求范围内进行自行决策，主动采取行动，当出现多目标冲突时，在一定限制下，各控制器可以在

---

① 董欣．控制理论的进展与交叉学科[J]. 山西高等学校社会科学学报，2003（1）：48-50.

一定范围内自行协调解决。

根据智能控制系统的上述功能，可以给出智能控制的下述定义：对于一种控制方式或一个控制系统，如果它具有学习功能、适应功能和组织功能，能够有效地克服被控对象和环境所具有的难以精确建模的高度复杂性和不确定性，并且能够达到所期望的控制目标，那么称这种控制方式为智能控制，称这种控制系统为智能控制系统。

四、智能控制的要素

智能控制应该称为智能信息反馈控制，按照这种观点，智能控制中的基本要素是智能信息、智能反馈、智能决策。在传统控制的信息、反馈和控制（决策）三要素的前面都冠以“智能”二字，这不是简单的修饰，而是有深刻的内涵。

信息在智能控制中占有十分重要的地位，信息虽然既不是物质也不是能量，但是它的本质特征是知识的内涵。在这个意义上可以说信息是知识的载体，智能控制系统中专家的直觉、经验等也间接地反映了人的智能，所以可以把智能控制中的有用信息理解为“智能”的载体，这样就比较容易理解智能信息的含义了。

为了获得智能信息，必须进行信息特征的识别，并进行加工和处理，以便获得有用的信息去克服系统的不确定性。

根据获得的智能信息进行控制决策，反馈是不可缺少的环节，智能反馈比传统反馈更加灵活机动。它是根据控制系统动态过程的需要，采用加反馈或不加反馈、加正反馈或加负反馈、反馈增强或反馈减弱等，这些特征都具有仿人智能的特点，因此称为智能反馈。

智能决策指智能控制决策，这种决策方式不仅限于定量的，还包括定性的，更重要的是采用定性和定量综合集成进行决策，这是一种模仿人脑右半球形象思维和左半球抽象思维的综合决策方式。做决策的过程也就是智能推理的过程。此外，从广义上讲，智能决策还包括智能规划等内容。

从集合论的观点，可以把智能控制和它的三要素关系表示如下：

$$[\text{智能信息}] \cap [\text{智能反馈}] \cap [\text{智能决策}] = \text{智能控制}$$

五、智能控制系统的结构形式

智能控制系统的结构根据被控对象及环境的复杂性和不确定性的程度、性能指标要求等具有不同的结构。这里主要分析两种结构形式：一是基本结构形式，二是分级递阶结构形式。

（1）智能控制系统的基本结构。智能控制系统分为智能控制器和外部环境两大部分，如图 1-9 所示。其中，智能控制器由六部分组成：智能信息处理识别、数据库、智能规划智能决策、认知学习、控制知识库、智能推理；外部环境由广义被控对象、传感器和执行器组成，还包括外部各种干扰等不确定性因素。

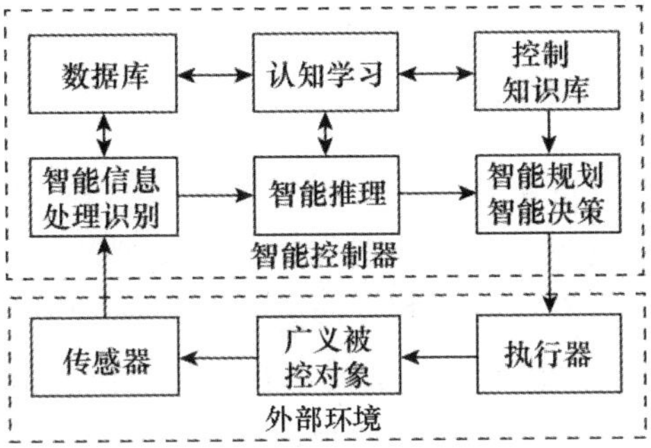

图 1-9 智能控制系统的基本结构

智能控制系统的结构比传统控制系统的结构复杂，主要是增加了智能信息获取、智能推理、智能决策等功能，目的在于更有效地克服被控对象及外部环境存在的多种不确定性。

（2）基于信息论的递阶智能控制结构。智能控制对象（过程）一般都比较复杂，尤其是对于大的复杂系统，通常采用分级递阶的结构形式。

1977 年，以机器人控制问题为背景，智能控制系统的三级递阶结构形式被提出，如图 1-10 所示。三级递阶结构分别是组织级、协调级和执行级。

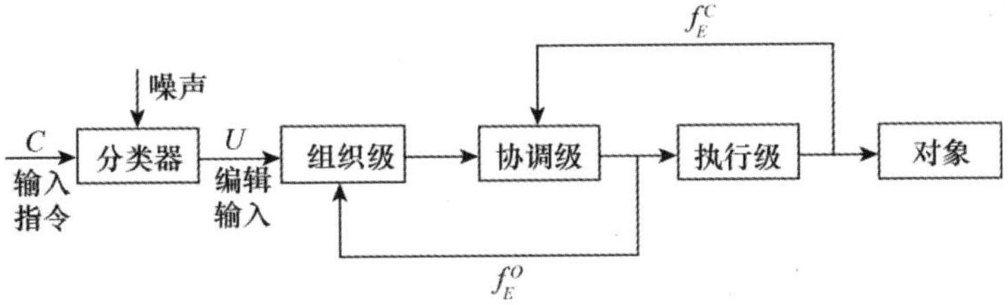

图 1-10 智能控制的三级递阶结构

组织级是智能控制系统的最高智能级，其功能为推理、规划、决策和长期记忆信息的交换以及通过外界环境信息和下级反馈信息进行学习等。实际上组织级也可以认为是知识处理和管理，其主要步骤是由论域构成的，按照组织级中的顺序定义给每个活动指定概率函数，并计算相应的熵，以决定动作序列。

协调级是组织级和执行级之间的接口，其功能是根据组织级提供的指令信息进行任务协调。协调级是将组织信息分配到下面的执行级，它基于短期存储器完成子任务协调、学习和决策，为控制级指定结束条件和罚函数并将给组织级反馈通信。

执行级是系统的最低一级，本级由多个硬件控制器构成，要求具有很高的精度，通常使用传统的控制理论与方法。

六、智能控制的基本形式

国内外控制界学者普遍认为，智能控制主要包括三种基本形式：模糊控制、神经控制和专家控制，又被分别称为基于模糊逻辑的智能控制、基于神经网络的智能控制和专家智能控制。此外，分层递阶智能控制、学习控制和仿人智能控制也被国内多数学者认为属于智能控制的其他三种形式。

将进化计算、智能优化同智能控制相结合，形成了智能优化算法与智能控制融合的多种形式。将网络技术、智能技术等同智能控制相结合，产生了基于网络的智能控制、基于多智能体的智能控制等。随着人工智能技术、智能优化算法等的不断发展，必将进一步推动智能控制理论与技术的蓬勃发展。

第二章 自动化控制系统

随着科技的发展、社会的进步，电气自动化控制系统在现实生活中得到了更加广泛的使用，不仅能够高效地完成人们日常的操作任务和需求，还能尽量地减少对空气的污染。了解这一系统的基础，联系当前使用情况，分析自动化系统的未来趋势，对进一步使其为社会发展、科技进步和人民生活水平的提高都有一定意义。本章围绕自动化控制常用低压电器、自动化控制常用传感器与编码器、常用自动化仪表、电机与伺服控制系统展开论述。

第一节 自动化控制常用的低压电器

低压电器是指额定电压等级在交流 1 200V、直流 1 500V 以下，在电路中起通断、保护、控制或调节作用的电器产品。在我国工业控制电路中最常用的三相交流电压等级为 380V，只有在特定行业环境下才用其他电压等级，如煤矿井下的电钻用 127V、运输机用 660V、采煤机用 1 140V 等。单相交流电压等级最常见的为 220V，机床、热工仪表和矿井照明等采用 127V 电压等级，其他电压等级如 6V、12V、24V、36V 和 42V 等一般用于安全场所的照明、信号灯以及作为控制电压。

常用直流电压等级有 110V、220V 和 440V，主要用于动力；6V、12V、24V 和 36V 主要用于控制；在电子线路中还有 5V、9V 和 15V 等电压等级。

一、常用低压电器的类型划分

低压电器种类繁多，功能多样，构造各异，用途广泛，工作原理各不相同，常用低压电器的分类方法也很多。

（1）按用途分类。①控制电器，用于各种控制电路和控制系统的电器，如接触器、继电器等。②主令电器，用于自动控制系统中发送控制指令的电器，如按钮、行程开关等。③保护电器，用于保护电路及用电设备的电器，如熔断器、热继电器等。④配电电器，用于电能的输送和分配的电器。⑤执行电器，用于完成某种动作或传动功能的电器，如电磁铁、电磁离合器等。

（2）按工作原理分类。①电磁式电器，依据电磁感应原理来工作的电器，如交直流接触器、各种电磁式继电器等。②非电量控制器，靠外力或某种非电物理量的变化而动作的电器，如刀开关、行程开关、按钮、速度继电器、压力继电器、温度继电器等。[①]

（3）按触点类型分类。①有触点电器，利用触点的接通和分断来切换电路，如接触器、刀开关和按钮等。②无触点电器，无可分离的触点，主要利用电子元件的开关效应，即导通和截止来实现电路的通、断控制，如接近开关、霍尔开关、电子式时间继电器和固态继电器等。

（4）按低压电器型号分类。为了便于了解文字符号和各种低压电器的特点，采用我国《国产低压电器产品型号编制办法》的分类方法，将低压电器分为13个大类。每个大类用第一位汉语拼音字母作为该产品型号的首字母，第二位汉语拼音字母表示该类电器的形式。①刀开关（H），如HS为双投式刀开关（刀型转换开关），HZ为组合开关。②熔断器（R），如RC为瓷插式熔断器，RM为密封式熔断器。③断路器（D），如DW为万能式断路器，DZ为塑壳式断路器。④控制器（K），如KT为凸轮控制器，KG为鼓型控制器。⑤接触器（C），如CJ为交流接触器，CZ为直流接触器。⑥启动器（Q），如QJ为自耦变压器降压启动器，QX为星三角启动器。⑦控制继电器（J），如JR为热继电器，JS为时间继电器。⑧主令电器（L），如LA为按钮，LX为行程开关。⑨电阻器（Z），如ZG为管型电阻器，ZT为铸铁电阻器。⑩变阻器（B），如BP为频敏变阻器，BT为启动调速变阻器。⑪调整器（T），如TD为单相调压器，TS为三相调压器。⑫电磁铁（M），如MY为液压电磁铁，MZ为制动电磁铁。⑬其他（A），如AD为信号灯，AL为电铃。

二、开关与主令电器

（一）开关

（1）刀开关。刀开关是一种手动电器，常用的刀开关有HD型单投刀开关、HS型双投刀开关、HR型熔断器式刀开关、HZ型组合开关、HK型闸刀开关、HY型倒顺开关和HH型铁壳开关等。

HD型单投刀开关、HS型双投刀开关和HR型熔断器式刀开关主要在成套配电装置中作为隔离开关，装有灭弧装置的刀开关也可以控制一定范围内的负荷线路。作为隔离开关的刀开关的容量比较大，其额定电流为100～1 500A，主要用于供配电线路的电源隔离。隔离开关没有灭弧装置，不能操

① 徐立芳．工业自动化系统与技术[M].哈尔滨：哈尔滨工程大学出版社，2014.

作带负荷的线路，而只能操作空载线路或电流很小的线路，如小型空载变压器、电压互感器等。操作时应注意，停电时应将线路的负荷电流用断路器、负荷开关等开关电器切断后再将隔离开关断开，送电时操作顺序相反。隔离开关断开时有明显的断开点，有利于检修人员的停电检修工作。隔离刀开关由于控制负荷能力很小，也没有保护线路的功能，所以通常不能单独使用，一般要和能切断负荷电流和故障电流的电器（如熔断器、断路器和负荷开关等电器）一起使用。

HZ 型组合开关、HK 型闸刀开关一般用于电气设备及照明线路的电源开关。

HY 型倒顺开关、HH 型铁壳开关装有灭弧装置，一般可用于电气设备的启动、停止控制。

（2）组合开关。组合开关又称转换开关，在电气控制线路中，一种常用在机床的控制电路中，作为电源的引入开关或者作为自我控制小容量电动机的直接启动、反转、调速和停止的控制开关等。

组合开关有单极、双极、三极、四极等几种，额定持续电流有 10A、25A、60A、100A 等多种。它由动触片、静触片、转轴、手柄、凸轮、绝缘杆等部件组成。当转动手柄时，每层的动触片随转轴一起转动，使动触片分别和静触片保持接通和分断。为了使组合开关在分断电流时迅速熄弧，在开关的转轴上装有弹簧，能使开关快速闭合和分断。

（3）感应开关。感应开关通常是指人体红外智能感应开关，是一种当有人从红外感应探测区域经过而自动启动的开关。人体红外感应开关的主要器件为人体热释电红外传感器。人体都有恒定的体温，一般为 37℃，所以会发出特定波长的红外线，被动式红外探头就是探测人体发射的红外线而进行工作的。人体发射的红外线通过菲尼尔滤光片增强后聚集到红外感应源上。红外感应源通常采用热释电元件，这种元件在接收到人体红外辐射温度发生变化时就会失去电荷平衡，向外释放电荷，后续电路经检测处理后就能触发开关动作。人不离开感应范围，开关将持续接通；人离开后或在感应区域内长时间无动作，开关将自动延时，关闭负载。

（二）主令电器

（1）控制按钮。控制按钮是指利用按钮推动传动机构，使动触点与静触点接通或断开并实现电路接断的开关。按钮开关是一种结构简单、应用十分广泛的主令电器。在电气自动控制电路中，用于手动发出控制信号以控制接触器、继电器、电磁启动器等，可用于远距离电气控制。按钮可根据实际工作需要组成多种结构形式，如 LA18 系列按钮采用积木式结构，触头数量按需要拼装，最多可至六对常开触点和六对常闭触点。工作中为便于识别不同作用的按钮，避免误操作，国标 GB/T 5226.1—1996 对按钮颜色做了如下规定:

停止和急停按钮：红色。按红色按钮时，必须使设备断电、停车。

启动按钮：绿色。

点动按钮：黑色。

启动与停止交替按钮：必须是黑色、白色或灰色，不得使用红色和绿色。

复位按钮：必须是蓝色；当其兼有停止作用时，必须是红色。

（2）万能转换开关。万能转换开关主要用于低压断路操作机构的分合闸控制、各种控制线路的转换、电气测量仪器的转换，也可用于小容量异步电动机的启动、调速和换向控制，还可用于配电装置线路的转换及遥控等。

（3）主令控制器。主令控制器是用来按顺序频繁切换多个控制电路的主令电器，主要用于电气传动装置中，按一定顺序分合触头，达到发布命令或其他控制线路连锁、转换的目的。主令控制器适用于频繁对电路进行接通和切断，常配合磁力启动器对绕线式异步电动机的启动、制动、调速及换向实行远距离控制，主要用于轧钢及其他生产机械的电力拖动控制系统，也可在起重机电力拖动系统中对电动机的启动、制动和调速等进行远距离控制。

主令控制器主要由转轴、凸轮块、动静触头、定位机构及手柄等组成，其触点为双断点的桥式结构，通常为银质材料，操作轻便，允许每小时接电次数较多。

主令控制器按其结构形式（凸轮能否调节）可分为两类：一类是凸轮可调式主令控制器；另一类是凸轮固定式主令控制器。前者的凸轮片上开有小孔和槽，使之能根据规定的触头关合图进行调整；后者的凸轮只能根据规定的触头关合图进行适当的排列与组合。

（4）行程开关。行程开关又称限位开关，是一种根据生产机械运动的行程位置而动作的小电流开关电器。它是通过其机械结构中可动部分的动作将机械信号变换为电信号，以实现对机械的电气控制。行程开关按运动形式可分为直动式、微动式和转动式等；按触点的性质可分为有触点式和无触点式。

有触点行程开关简称行程开关，其工作原理和按钮相同，区别在于它不是靠手的按压，而是利用生产机械运动的部件碰压而使触点动作来发出控制指令的。它用于控制生产机械的运动方向、速度、行程大小或位置等，其结构形式多种多样。

无触点行程开关又称接近开关，它可以代替有触点行程开关来完成行程控制和限位保护，还可用于高频计数、测速、液位控制、零件尺寸检测以及加工程序的自动衔接等。由于它具有非接触式触发、动作速度快、可在不同的检测距离内动作、发出的信号稳定无脉动、工作稳定可靠、寿命长、重复定位精度高以及能适应恶劣的工作环境等特点，所以在机床、纺织、印刷、塑料等工业生产中应用广泛。

无触点行程开关分为有源型和无源型两种，多数无触点行程开关为有源型，主要包括检测元件、放大电路和输出驱动电路三部分，一般采用 5 ～ 24V 的直流电源或 220V 交流电源等。

从结构上看，行程开关由三个部分组成：操作头、触头系统和外壳。操作头是开关的感测部分，它接受机械结构发出的动作信号，并将此信号传递到触头系统。触头系统是开关的执行部分，它将操作头传来的机械信号，通过本身的转换动作变换为电信号，输出到有关控制回路，使之能按需要做出必要的反应。

三、断路器与熔断器

（一）断路器

低压断路器又叫自动空气开关，既有手动开关作用，又能自动进行失压、欠压过载和短路保护。低压断路器可用来分配电能，不频繁地启动异步电机，对电源线路及电动机等实行保护，当它们发生严重的过载或短路及欠电压等故障时能自动切断电路。

断路器的种类繁多，按其用途和结构特点可分为 DW 型框架式断路器、DZ 型塑料外壳式断路器、DS 型直流快速断路器、DWX 型和 DWZ 型限流式断路器等。框架式断路器主要用作配电线路的保护开关，而塑料外壳式断路器除可用作配电线路的保护开关外，还可用作电动机、照明电路及电热电路的控制开关。

以下以塑壳断路器为例简单分析断路器的结构、工作原理、使用与选用方法。

断路器主要由三个基本部分组成，即触头、灭弧系统和各种脱扣器，脱扣器包括过电流脱扣器、热脱扣器、失压（欠电压）脱扣器、分励脱扣器和自由脱扣器。

断路器开关是靠操作机构手动或电动合闸的，触头闭合后，自由脱扣机构将触头锁在合闸位置上。当电路发生故障时，通过各自的脱扣器使自由脱扣机构动作，自动跳闸以实现保护作用。分励脱扣器则作为远距离控制分断电路使用。

过电流脱扣器用于线路的短路和过电流保护，当线路的电流大于整定的电流值时，过电流脱扣器所产生的电磁力使挂钩脱扣，动触点在弹簧的拉力下迅速断开，实现断路器的跳闸功能。①

热脱扣器用于线路的过负荷保护，工作原理和热继电器相同。

失压（欠电压）脱扣器用于失压保护，失压脱扣器的线圈直接接在电源上，处于吸合状态，断路器可以正常合闸。当停电或电压很低时，失压脱扣器的吸力小于弹簧的反力，弹簧使动铁芯向上使挂钩脱扣，实现断路器的跳闸功能。

分励脱扣器用于远方跳闸，当在远方按下按钮时，分励脱扣器得电产生电磁力，从而使其脱扣跳闸。

不同断路器的保护是不同的，使用时应根据需要选用。低压断路器的选择应从以下几方面考虑：

（1）断路器类型应根据使用场合和保护要求来选择，如一般选用塑壳式；短路电流较大时选用限流型；额定电流较大或有选择性保护要求时选用框架式；控制和保护含有半导体器件的直流电路时应选用直流快速断路器等。

（2）断路器额定电压、额定电流应大于或等于线路、设备的正常工作电压、工作电流。

（3）断路器极限通断能力大于或等于电路最大短路电流。

（4）欠电压脱扣器额定电压等于线路额定电压。

（5）过电流脱扣器的额定电流大于或等于线路的最大负载电流。

（二）熔断器

熔断器主要由熔体和熔座两部分组成。熔体由低熔点的金属材料（铅、锡、锌、银、铜及合金）制成丝状或片状，俗称保险丝。工作中，熔体串接于被保护电路，既是感测元件，又是执行元件。当电路发生短路或严重过载故障时，通过熔体的电流势必超过一定的额定值，使熔体发热，当达到熔点温度时，熔体某处自行熔断，从而分断故障电路，起到保护作用。熔座（或熔管）是由陶瓷、硬质纤维制成的管状外壳。熔座的作用主要是便于熔体的安装并作为熔体的外壳，在熔体熔断时兼有灭弧的作用。由铅锡合金和锌等低熔点金属制成的熔体因不易灭弧，多用于小电流电路；由铜、银等高熔点金属制成的熔体易于灭弧，多用于大电流电路。

熔断器串接于被保护电路中，电流通过熔体时产生的热量与电流平方和

① 李英姿．低压电器应用技术 [M]. 北京：机械工业出版社，2009.

电流通过的时间成正比，电流越大则熔体熔断时间越短，这种特性称为熔断器的反时限保护特性或安秒特性。

熔断器种类很多，按结构可分为开启式、半封闭式和封闭式；按有无填料可分为有填料式、无填料式；按用途可分为工业用熔断器、保护半导体器件熔断器及自复式熔断器等。常用的熔断器有以下几种：

（1）插入式熔断器。插入式熔断器常用的产品有 RC1A 系列，主要用于低压分支电路的短路保护，因其分断能力较小，多用于照明电路和小型动力电路中。

（2）螺旋式熔断器。熔芯内装有熔丝，并填充石英砂，用于熄灭电弧，分断能力强。熔体的上端盖有一熔断指示器，一旦熔体熔断，指示器马上弹出，可透过瓷帽上的玻璃孔观察到。螺旋式熔断器的常用产品有 RL6、RL7 和 RLS2 等系列，其中 RL6 和 RL7 多用于机床配电电路中；RLS2 为快速熔断器，主要用于保护半导体元件。

（3）RM10 型密封管式熔断器。RM10 型密封管式熔断器为无填料管式熔断器，主要用作供配电系统中线路的短路保护及过载保护，它采用变截面片状熔体和密封纤维管。由于熔体较窄处的电阻大，在短路电流通过时产生的热量最大，先熔断，因而可产生多个熔断点使电弧分散，以利于灭弧。短路时其电弧燃烧，密封纤维管内产生高压气体，以便将电弧迅速熄灭。

（4）RT 型有填料密封管式熔断器。RT 型有填料密封管式熔断器中装有石英砂，用来冷却和熄灭电弧；熔体为网状，短路时可使电弧分散，由石英砂将电弧冷却熄灭，可将电弧在短路电流达到最大值之前迅速熄灭，以限制短路电流。此熔断器常用于大容量电力网或配电设备中，常用产品有 RT12、RT14、RT15 和 RS3 等系列，RS2 系列为快速熔断器，主要用于保护半导体元件。RTO 系列有填料封闭管式熔断器，适用于交流 50Hz，额定电压交流 380V，额定电流 1 000A 的配电线路中，作过载和短路保护，额定分断能力为 50kA。

熔断器的主要技术参数包括额定电压、熔体额定电流、熔断器额定电流和极限分断能力等。①额定电压指保证熔断器能长期正常工作的电压。②熔体额定电流指熔体长期通过而不会熔断的电流。③熔断器额定电流指保证熔断器能长期正常工作的电流。④极限分断能力指熔断器在额定电压下所能开断的最大短路电流。在电路中出现的最大电流一般是指短路电流值，所以极限分断能力也反映了熔断器分断短路电流的能力。

四、接触器与继电器

（一）接触器

接触器是用来频繁接通和切断电动机或其他负载主电路的一种自动切换电器。接触器由于生产方便、成本低廉、用途广泛，故在各类低压电器中生产量最大、使用面最广。

接触器是利用电磁吸力的作用来使触头闭合或断开大电流电路的，是一种非常典型的电磁式电器。接触器的主要组成部分为电磁系统和触头系统，电磁系统是感测部分，触头系统是执行部分。当线圈得电后，衔铁被吸合，带动三对主触点闭合，接通电路，辅助触点也闭合或断开；当线圈失电后，衔铁被释放，三对主触点复位，电路断开，辅助触点也断开或闭合。

触头工作时，需经常接通和分断额定电流或更大的电流，所以常有电弧产生，因此，一般情况下都装有灭弧装置，并与触头共称触头－灭弧系统，只有额定电流甚小者才不设灭弧装置。

接触器按其主触头通过的电流种类分为直流接触器和交流接触器，按主触头的极数又可分为单极、双极、三极、四极和五极等几种。直流接触器一般为单极或双极；交流接触器大多为三极，四极多用于双回路控制，五极用于多速电动机控制或者自动式自耦减压启动器中。

交流接触器一般有三对主触头、两个动合（常开）辅助触头、两个动断常闭辅助触头。中等容量及以下为直动式，大容量为转动式。直流接触器是一种通用性很强的电器产品，除用于频繁控制电动机外，还用于各种直流电磁系统中。直流接触器与交流接触器的工作原理相同，结构也基本相同，不同之处是铁芯线圈通以直流电，不会产生涡流和磁滞损耗，所以不发热。为方便加工，铁芯由整块软钢制成，通常将线圈绕制成长而薄的圆筒型，与铁芯直接接触，易于散热。

（二）继电器

继电器的结构和工作原理与接触器相似，也是由电磁机构和触点系统组成的，但继电器没有主触点，其触点不能用来接通和分断负载电路，而均接于控制电路，且电流一般小于 5A，故不必设灭弧装置。

继电器主要用于电路的逻辑控制，它根据输入量（如电压或电流），利用电磁原理，通过电磁机构使衔铁产生吸合动作，从而带动触点动作，实现触点状态的改变，使电路完成接通或分断控制。

一般来说，继电器由承受机构、中间机构和执行机构三部分组成。承受机构反映断电器输入量，并传递给中间机构，将它与预定的量（整定值）进行比较，当达到整定值（过量或欠量）时，中间机构就使执行机构产生输出量，用于控制电路的开、断。继电器通常触点容量较小，接在控制电路中主要用于反应控制信号，是电气控制系统中的信号检测元件；而接触器触点容量较大，直接用于开、断主电路，是电气控制系统中的执行元件。

继电器还可以有以下各分类方法：按输入量的物理性质分为电压继电器、电流继电器、功率继电器、时间继电器、温度继电器、速度继电器等；按动作原理分为电磁式继电器、感应式继电器、电动式继电器、热继电器、电子式继电器等；按动作时间分为快速继电器、延时继电器、一般继电器；按执行环节作用原理分为有触点继电器、无触点继电器。电磁式继电器的结构及原理与接触器类似，由铁芯、衔铁、线圈、释放弹簧和触点等部分组成，客观上接触器与中间继电器无截然的分界线。某些容量特别小的接触器与一些中间继电器相比，无论从原理和外观都难以看出有什么明显的不同。

继电器应用广泛，种类繁多，下面仅探讨几种常用的继电器。

（1）电流 / 电压继电器。电流继电器与电压继电器在结构上的区别主要是线圈不同。电流继电器的线圈与负载串联以反映负载电流，故它的线圈匝数少而导线粗，这样通过电流时的压降很少，不会影响负载电路的电流，而导线粗、电流大，仍可获得需要的磁势。电压继电器的线圈与负载并联以反映负载电压，其线圈匝数多而导线细。

（2）中间继电器。中间继电器在结构上是一个电压继电器，用来转换控制信号的中间元件。它输入的是线圈的通电断电信号，输入信号为触点的动作。其触点数量较多，各触点的额定电流相同。中间继电器通常用来放大信号，增加控制电路中控制信号的数量，以及作为信号传递、连锁、转换以及隔离使用。

（3）时间继电器。时间继电器是一种按时间原则进行控制的继电器。它利用电磁原理，配合机械动作机构能实现在得到信号输入（线圈通电或断电）后的预定时间内的信号延时输出（触点的闭合或断开）。时间继电器种类很多，常用的有电磁式、空气阻尼式、电动式和晶体管式等。

（4）速度继电器。速度继电器根据电磁感应原理制成，主要作用是在三相交流异步电动机反接制动控制电路中作转速过零的判断元件。

（5）热继电器。在电力拖动控制系统中，热继电器是对电动机在长时间连续运行过程中过载及断相起保护作用的电器。电动机工作时，电动机组电流流过与之串接的热元件。

第二节 自动化控制常用的传感器与编码器

一、自动化控制常用传感器

当今世界开始进入信息时代，在利用信息的过程中，首先要解决的就是获取准确可靠的信息，而传感器是获取自然和生产领域中信息的主要途径与手段。尤其在工业自动化生产过程中，用各种传感器来监视和检测生产过程中的各个参数，使设备工作在正常状态或最佳状态，并使产品达到最好的质量。

（一）检测系统与传感器的主要特性指标

一个完整的检测系统或检测装置通常由传感器、测量电路和显示记录装置等几部分组成，分别完成信息获取、转换、显示和处理等功能。当然其中还包括电源和传输通道等不可缺少的部分。如图 2-1[①] 所示是检测系统的组成框图。

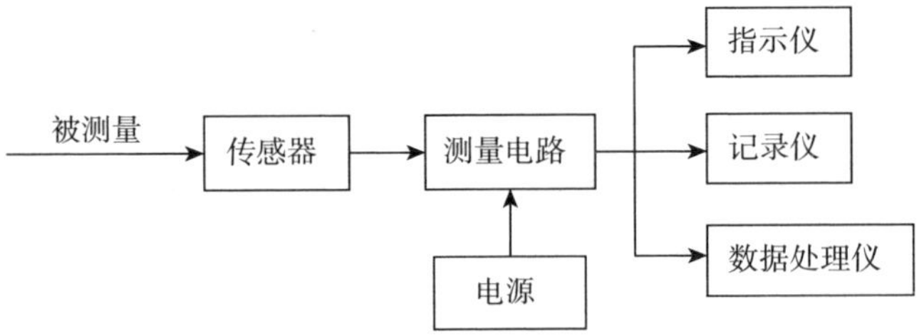

图 2-1 检测系统的组成框图

测量电路的作用是将传感器的输出信号转换成易于测量的电压或电流信号。通常传感器输出信号是微弱的，需要由测量电路加以放大，以满足显示记录装置的要求。根据需要测量电路还能进行阻抗匹配、微分、积分、线性化补偿等信号处理工作。

显示记录装置是检测人员和检测系统联系的主要环节，主要作用是使人们了解被测量的大小或变化的过程。

传感器是一种以一定的精确度把被测量转换为与之有确定对应关系的、便于应用的某种物理量的测量装置，是检测系统与被测对象直接发生联系的部件，是检测系统最重要的环节。因为检测系统的其他环节无法添加新的检测信息，并且不易消除传感器所引入的误差，所以检测系统获取信息的质量

① 本章图片引自徐立芳 . 工业自动化系统与技术 [M]. 哈尔滨：哈尔滨工程大学出版社，2014.

往往是由传感器的性能决定的。

传感器一般由敏感元件（将非电量变成某一中间量）、转换元件（将中间量转换成电量）、测量电路（将转换元件输出的电量变换成可直接利用的电信号）三部分组成，有的传感器还需加上辅助电源。

传感器按工作机理可分为物理型、化学型、生物型，按构成原理可分为结构型、物性型和复合型三大类，按能量的转换可分为能量控制型和能量转换型，按输出信号的性质可分为模拟式传感器和数字式传感器，按作用形式可分为主动型和被动型等。

对于传感器的选择和应用，应该综合考量以下主要特性指标：

（1）传感器静态特性。传感器的静态特性是指对静态的输入信号、传感器的输出量与输入量之间所具有的相互关系。因为这时输入量和输出量都和时间无关，即传感器的静态特性可用一个不含时间变量的代数方程，或以输入量作横坐标，把与其对应的输出量作纵坐标而画出的特性曲线来描述。表征传感器静态特性的主要参数有线性度、灵敏度、迟滞、重复性、漂移等。

线性度是指传感器输出量与输入量之间的实际关系曲线偏离拟合直线的程度。其定义为在全量程范围内实际特性曲线与拟合直线之间的最大偏差值与满量程输出值之比。

灵敏度是传感器静态特性的一个重要指标。其定义为输出量的增量与引起该增量的相应输入量增量之比，一般用 S 表示灵敏度。

传感器在输入量由小到大（正行程）及输入量由大到小（反行程）变化期间其输入输出特性曲线不重合的现象称为迟滞。对于同一大小的输入信号，传感器的正反行程输出信号大小不相等，这个差值称为迟滞差值。

重复性是指传感器在输入量按同一方向做全量程连续多次变化时，所得特性曲线不一致的程度。

传感器的漂移是指在输入量不变的情况下，传感器输出量随着时间变化，此现象称为漂移。产生漂移的原因有两个方面：一是传感器自身结构参数，二是周围环境（温度、湿度等）。

（2）传感器动态特性。所谓动态特性，是指传感器在输入变化时的输出特性。在实际工作中，传感器的动态特性常用它对某些标准输入信号的响应来表示。这是因为传感器对标准输入信号的响应容易用实验方法求得，并且它对标准输入信号的响应与它对任意输入信号的响应之间存在一定的关系，往往知道了前者就能推定后者。最常用的标准输入信号有阶跃信号和正弦信号两种，所以传感器的动态特性也常用阶跃响应和频率响应来表示。

（3）传感器的线性度。通常情况下，传感器的实际静态特性输出是曲线而非直线。在实际工作中，为使仪表具有均匀刻度的读数，常用一条拟合直线近似地表示实际的特性曲线，线性度（非线性误差）就是这个近似程度的一个性能指标。

拟合直线的选取有多种方法，如将零输入和满量程输出点相连的理论直线作为拟合直线；将与特性曲线上各点偏差的平方和最小的理论直线作为拟合直线，此拟合直线称为最小二乘法拟合直线。

（4）传感器的灵敏度。灵敏度是指传感器在稳态工作情况下输出量变化 对输入量变化的比值，它是输出输入特性曲线的斜率。如果传感器的输出和输入之间显线性关系，则灵敏度是一个常数。否则，它将随输入量的变化而变化。

灵敏度的量纲是输出、输入量的量纲之比。例如，某位移传感器在位移变化 1mm 时，输出电压变化为 200mV，则其灵敏度应表示为 200mV/mm。当传感器的输出、输入量的量纲相同时，灵敏度可理解为放大倍数。提高灵敏度可得到较高的测量精度，但灵敏度愈高，测量范围愈窄，稳定性也往往愈差。

（5）传感器的分辨率。分辨率是指传感器可能感受到的被测量的最小变化的能力。也就是说，如果输入量从某一非零值缓慢地变化，当输入量变化值未超过某一数值时，传感器的输出量不会发生变化，即传感器对此输入量的变化是分辨不出来的。只有当输入量的变化超过分辨率时，其输出量才会发生变化。

通常传感器在满量程范围内各点的分辨率并不相同，因此常用满量程中能使输出量产生阶跃变化的输入量的最大变化值作为衡量分辨率的指标。上述指标若用满量程的百分比表示，则称为分辨率。分辨率与传感器的稳定性有负相关性。

（6）传感器的精度。精度是传感器的一个重要性能指标，它是关系整个测量系统精度的重要环节。传感器的精度越高，其价格越昂贵，因此，传感器的精度只要满足整个测量系统的精度要求即可，不必选得过高。这样就可以在满足同一测量目的的诸多传感器中选择比较便宜和简单的传感器。

如果测量目的是定性分析，则选用重复精度高的传感器即可，不宜选用绝对量值精度高的；如果是为了定量分析，必须获得精确的测量值，就需选用精度等级能满足要求的传感器。

对于某些特殊场合，无法选到合适的传感器，则需自行设计制造传感器。自制传感器的性能应满足使用要求。

（7）传感器的稳定性。传感器使用一段时间后，其性能保持不变的能力称为稳定性。影响传感器长期稳定性的因素除传感器本身的结构外，主要是传感器的使用环境。因此，要使传感器具有良好的稳定性，传感器必须要有较强的环境适应能力。

在选择传感器之前，应对其使用环境进行调查，并根据具体的使用环境选择合适的传感器，或采取适当的措施以减小环境的影响。传感器的稳定性有定量指标，超过使用期后，在使用前应重新进行标定，以确定传感器的性能是否发生变化。在某些要求传感器能长期使用而又不能轻易更换或标定的场合，对所选用的传感器的稳定性要求更严格，要能够经受住长时间的考验。

（二）压力传感器与磁电式传感器

1. 压力传感器

压力传感器分为表压、绝压、差压等类型，常见的精度等级为 0.1、0.2、0.5、1.0 等。它可测量的压力范围很宽，小到几十几百帕，大的可达上百兆帕。不同种类的压力传感器的工作温度范围也不同，常分成 0 ～ 70℃、-25 ～ 85℃、-40 ～ 125℃、-55 ～ 150℃四个等级，某些特种压力传感器的工作温度可达 400 ～ 500℃。

压力传感器基于不同的材料及结构设计有着不同的防水性能及防爆等级，接液腔体由于材料、形状的差异可测量的流体介质种类也不同，其常分为干燥气体、一般液体、酸碱腐蚀溶液、可燃性气液体、黏稠及特殊介质。压力传感器作为一次仪表需与二次仪表或计算机配合使用，压力传感器常见的供电方式为：DC5V、12V、24V、± 12V 等，输出方式为：0 ～ 5V、1 ～ 5V、0.5 ～ 4.5V、0 ～ 10mA、0 ～ 20mA、4 ～ 20mA 等。

压力传感器在安装使用前应详细阅读产品样本及使用说明书，安装时压力接口不能泄漏，以确保量程及接线正确。压力传感器的外壳一般需接地，信号电缆线不得与动力电缆混合铺设，压力传感器周围应避免强电磁干扰，在使用中应按行业规定进行周期检定。

（1）应变片压力传感器。电阻应变片是一种将被测件上的应变变化转换成一种电信号的敏感器件。它是压阻式应变传感器的主要组成部分之一。电阻应变片应用最多的是金属电阻应变片和半导体应变片两种。

金属电阻应变片又有丝状应变片和金属箔状应变片两种。通常是将应变片通过特殊的黏合剂紧密地黏合在产生力学应变的基体上，当基体受力发生应力变化时，电阻应变片也一起产生形变，使应变片的阻值发生改变，从而使加在电阻上的电压发生变化。这种应变片在受力时产生的阻值变化通常较小，一般这种应变片都组成应变电桥，并通过后续的仪表放大器进行放大，再传输给处理电路（通常是 A/D 转换和 CPU）或执行机构。

根据不同的用途，电阻应变片的阻值可以由设计者设计，但电阻的取值范围应注意：阻值太小，所需的驱动电流太大，同时应变片的发热致使本身的温度过高，在不同的环境中使用，使应变片的阻值变化太大，输出零点漂移明显，调零电路过于复杂；而电阻太大，阻抗太高，抗外界的电磁干扰能力较差。电阻应变片的阻值一般为几十欧至几十千欧。

（2）陶瓷压力传感器。抗腐蚀的陶瓷压力传感器没有液体进行传递，压力直接作用在陶瓷膜片的前表面，使膜片产生微小的形变，厚膜电阻印刷在陶瓷膜片的背面，连接成一个惠斯通电桥（闭桥），由于压敏电阻的压阻效应，使电桥产生一个与压力成正比的高度线性、与激励电压成正比的电压信号，标准信号根据压力量程的不同标定为 2.0/3.0/3.3mV/V 等，并且可以和应变式传感器相兼容。通过激光标定，传感器具有很高的温度稳定性和时间稳定性，传感器自带温度补偿，并可以和绝大多数介质直接接触。

陶瓷是一种公认的高弹性、抗腐蚀、抗磨损、抗冲击和抗振动的材料。陶瓷的热稳定特性及厚膜电阻可以使它的工作温度范围为 –40 ～ 135℃，而且具有高精度、高稳定性。陶瓷具有电气绝缘程度大于 2kV、输出信号强、长期稳定性好等特性。高特性、低价格的陶瓷传感器将是压力传感器的发展方向，在欧美国家有全面替代其他类型传感器的趋势，在我国也有越来越多的用户使用陶瓷传感器替代扩散硅压力传感器。

（3）扩散硅压力传感器。被测介质的压力直接作用于传感器的膜片上（不锈钢或陶瓷），使膜片产生与介质压力成正比的微位移，使传感器的电阻值发生变化，利用电子线路检测这一变化，转换输出一个对应于这一压力的标准测量信号。

（4）蓝宝石压力传感器。传感器利用应变电阻式工作原理，采用硅—蓝宝石作为半导体敏感元件，具有无与伦比的计量特性。蓝宝石是由单晶体绝缘元素组成的，不会发生滞后、疲劳和蠕变现象；蓝宝石比硅要坚固，硬度更高，不易形变；蓝宝石有着非常好的弹性和绝缘特性，因此利用硅—蓝宝石制造的半导体敏感元件对温度变化不敏感，即使在高温条件下，也有着很好的工作特性；蓝宝石的抗辐射特性极强。另外，硅—蓝宝石半导体敏感元件无 *p-n* 漂移，因此，从根本上简化了制造工艺，提高了重复性，确保了高成品率。

用硅—蓝宝石半导体敏感元件制造的压力传感器和变送器可在最恶劣的工作条件下正常工作，并且可靠性高、精度好、温度误差极小、性价比高。

（5）压电压力传感器。电传感器中主要使用的压电材料包括石英、酒石酸钾钠和磷酸二氢铵。其中，石英（二氧化硅）是一种天然晶体，压电效应就是在这种晶体中发现的，在一定的温度范围内，压电性质一直存在，但温度超过某个范围之后，压电性质完全消失（这个高温就是所谓的“居里点”）。随着应力的变化，电场变化微小（压电系数比较低），所以石英逐渐被其他压电晶体所替代。而酒石酸钾钠具有很大的压电灵敏度和压电系数，但是它只能在室温和湿度比较低的环境中才能够应用。磷酸二氢铵属于人造晶体，能够承受高温和相当高的湿度，所以已经得到了广泛应用。

压电效应也应用在多晶体上，如现在的压电陶瓷，包括钛酸钡压电陶瓷、锆钛酸铅系压电陶瓷、铌酸盐系压电陶瓷、铌镁酸铅压电陶瓷等。压电效应是压电传感器的主要工作原理，压电传感器不能用于静态测量，因为经过外力作用后的电荷只有在回路具有无限大的输入阻抗时才得到保存，这决定了压电传感器只能够测量动态的应力。

压电传感器主要应用在加速度、压力和力等的测量中。压电式加速度传感器是一种常用的加速度计。它具有结构简单、体积小、质量轻、使用寿命长等特点。压电式加速度传感器在飞机、汽车、船舶、桥梁和建筑的振动和冲击测量中已经得到了广泛的应用，特别是在航空和宇航领域中更有特殊地位。压电式传感器可以用来测量发动机内部的燃烧压力与真空度，也可以用于军事工业，如用它测量枪炮子弹在膛中击发时一瞬间的膛压变化和炮口的冲击波压力。它既可以用来测量大的压力，也可以用来测量微小的压力。

2. 磁电式传感器

磁电式传感器是通过磁电作用将被测量（振动、位移、转速等）转换成电信号的一种传感器，主要有磁电感应式传感器（检测导体和磁场间的相对运动）和霍尔式传感器（检测半导体在磁场中电磁效应的输出电动势）两类。磁电式传感器利用电磁感应原理将输入运动速度变换成感应电势输出，是一种有源传感器。它不需要辅助电源就能把被测对象的机械能（振动、位移、转速等）转换成易于测量的电信号。另外，它具有双向转换特性，利用其逆转换效应可构成力（矩）发生器和电磁激振器等。磁电式传感器也称作电动式或感应式传感器，它只适合进行动态测量。由于它有较大的输出功率，故配用电路较简单；其零位及性能稳定，工作频带一般为 10 ～ 1 000Hz。

霍尔传感器是基于霍尔效应的一种传感器。1879 年，美国物理学家霍尔首先在金属材料中发现了电磁效应（霍尔效应），但由于金属材料的霍尔效应太弱而没有得到应用。随着半导体技术的发展，开始用半导体材料制成霍尔元件，由于它的霍尔效应显著而得到应用和发展。霍尔传感器广泛用于电磁、压力、加速度、振动等方面的测量。

若汽车在刹车时车轮抱死，将产生危险。用霍尔转速传感器来检测车轮的转动状态有助于控制刹车力的大小。

（三）光电传感器与超声波传感器

1. 光电传感器

光电传感器是以光电器件作为转换元件的传感器。它可用于检测直接引起光量变化的非电量，如光强度、光照度、辐射测温、气体成分分析等；也可用来检测能转换成光量的其他非电量，如零件直径、表面粗糙度、应变、位移、振动、速度、加速度，以及物体的形状、工作状态的识别等。

光电传感器具有非接触、响应快、性能可靠等特点，因此在工业自动化装置和机器人中获得广泛应用。例如，光电传感器常用于检测物体的有无、检测透明物体、检测色标、检测颜色、检测发光物体、检测位移等。近年来，新的光电器件不断涌现，特别是 CCD 图像传感器的诞生，为光电传感器的进一步应用开创了新的一页。

（1）烟尘浊度监测仪。为了消除工业烟尘污染，必须对烟尘源进行监测、自动显示和超标报警。烟道里的烟尘浊度是通过光在烟道里传输中的变化大小来检测的。如果烟道浊度增加，光源发出的光被烟尘颗粒吸收和折射的量增加，到达光检测器的光减少，因而光检测器的输出信号强弱可反映烟道浊度的变化。

（2）光电池。光电池作为光电探测使用时，其基本原理与光敏二极管相同，但它们的基本结构和制造工艺不完全相同。由于光电池工作时不需要外加电压，光电转换效率高，光谱范围宽，频率特性好，噪声低等，它已广泛地用于光电读出、光电耦合、光栅测距、激光准直、电影还音、紫外光监视器和燃气轮机的熄火保护装置等。

光电传感器具有以下特点：①检测距离长，射型光电传感器的检测距离可达 10m，这是磁性、超声波等检测手段无法很好检测的距离；②对检测物体的限制少，由于以由检测物体引起的遮光和反射为检测原理，所以它不像接近传感器等将检测物体限定为金属，它可对玻璃、塑料、木材、液体等几乎所有物体进行检测；③响应时间短，光传播本身为高速传播，并且传感器的电路都由电子零件构成，所以不包含机械性工作时间，响应时间非常短；④分辨率高，能通过高级设计技术使投光光束集中成小光点，或通过构成特殊的受光光学系统来实现高分辨率，也可进行微小物体的检测和高精度的位置检测；⑤可实现非接触检测，无须机械性地接触检测物体来实现检测，因此不会对检测物体和传感器造成损伤，使传感器能长期使用；⑥可实现颜色判别，通过检测物体形成的光的反射率和吸收率，根据被投光的光线波长和检测物体的颜色组合而有所差异，利用这种性质可对检测物体的颜色进行检测；⑦便于调整，在投射可视光的类型中，投光光束是眼睛可见的，便于对检测物体的位置进行调整。

2. 超声波传感器

超声波传感器是利用超声波的特性研制而成的传感器。超声波是一种振动频率高于声波的机械波，由换能晶片在电压的激励下发生振动产生，它具有频率高、波长短、绕射现象小等特点，特别是方向性好、能够成为射线而定向传播。超声波对液体、固体的穿透本领很大，尤其是在不透明的固体中，它可穿透几十米深度。超声波碰到杂质或分界面时会产生显著反射，形成反射波，碰到活动物体能产生多普勒效应。

以超声波作为检测手段，必须产生超声波和接收超声波，完成这种功能的装置就是超声波传感器，习惯上把它称为超声换能器或超声探头。超声波探头主要由压电晶片组成，既可以发射超声波，也可以接收超声波。小功率超声探头多作探测用。

在工业方面，超声波的典型应用是对金属的无损探伤和超声波测厚两种。过去，许多研究因为无法探测到物体组织内部而受到阻碍，超声波传感技术的出现改变了这种状况。当然，更多的超声波传感器固定地安装在不同的装置上，“悄无声息”地探测人们所需要的信号。在未来的应用中，超声波将与信息技术、新材料技术结合起来，会出现更多的智能化、高灵敏度的超声波传感器。

（四）温度传感器与湿度传感器

1. 温度传感器

在工业生产过程中，温度是需要测量和控制的重要参数之一。温度传感器是将温度变化转换为电量变化的装置。它的种类很多，常用的有三种，其中将温度的变化转换为电势输出的温度传感器为热电偶，将温度的变化转换为电阻输出的温度传感器为热敏电阻和热电阻。此外，还有微波测温温度传感器、噪声测温温度传感器、温度图测温温度传感器、热流计、射流测温计、核磁共振测温计、穆斯保尔效应测温计、约瑟夫逊效应测温计、低温超导转换测温计、光纤温度传感器等。这些温度传感器有的已获得应用，有的尚在研制中。

（1）热电偶传感器。热电偶是温度测量中常用的传感器，其主要好处是宽温度范围和适应各种大气环境，而且结实、便宜、无须供电。热电偶由在一端连接的两条不同金属线（金属 A 和金属 B）构成。当热电偶一端受热时，热电偶电路中就有电势差，可用电势差来计算温度。

不过，由于电压和温度是非线性关系，因此需要为参考温度做第二次测量，并利用测试设备软件 / 硬件在仪器内部处理电压 – 温度变换，以最终获得热偶温度。热电偶传感器是最简单和最通用的温度传感器，但热电偶传感器并不适合高精度的应用。

（2）热敏电阻传感器。热敏电阻是一种半导体材料，大多为负温度系数，即阻值随温度增加而降低。温度变化会造成大的阻值改变，因此它是最灵敏的温度传感器。但热敏电阻的线性度极差，并且与生产工艺有很大关系，但制造商给不出标准化的热敏电阻曲线。热敏电阻的体积非常小，对温度变化的响应也快。但热敏电阻需要使用电流源，因其尺寸小也使它对自热误差极为敏感。

热敏电阻传感器在两条线上测量的是绝对温度，有较好的精度，但它比热电偶传感器贵，可测温度范围也小于热电偶传感器。一种常用的热敏电阻在 25℃时的阻值为 5kΩ，每 1℃的温度改变造成 200Ω 的电阻变化。值得注意的是，10Ω 的引线电阻仅造成可忽略的 0.05℃误差，它非常适合需要进行快速和灵敏温度测量的电流控制应用。尺寸小对于有空间要求的应用是有利的，但必须注意防止自热误差。

（3）热电阻传感器。热电阻传感器是利用导体的电阻随温度变化的特性，对温度和与温度有关的参数进行检测的装置。热电阻测温是基于金属导体的电阻值随温度的增加而增加这一特性来进行温度测量的。大多数热电阻在温度升高 1℃时电阻值将增加 0.4% ～ 0.6%。热电阻大都由纯金属材料制成，目前应用最多的是铂和铜，此外，现在已开始采用镍、锰和铑等材料制造热电阻。

热电阻传感器主要利用电阻值随温度变化而变化这一特性来测量温度及与温度有关的参数。在温度检测精度要求比较高的场合，这种传感器比较适用。目前较为广泛使用的热电阻材料为铂、铜、镍等，它具有电阻温度系数大、线性好、性能稳定、使用温度范围宽、加工容易等特点，用于测量 –200 ～ +500℃范围内的温度。随着科技的发展，热电阻传感器的测温范围也随之扩展，低温方面已成功地应用于 1 ～ 3K 的温度测量中，高温方面也出现了多种用于 1 000 ～ 1 300℃的热电阻传感器。

2. 湿度传感器

在工业生产过程中经常需要对环境湿度进行测量及控制，但在常规的环境参数中，湿度是最难准确测量的一个参数。用干湿球湿度计或毛发湿度计来测量湿度的方法，早已无法满足现代科技发展的需要。这是因为测量湿度要比测量温度复杂得多，温度是一个独立的被测量，而湿度却受其他因素（大气压强、温度）的影响。目前，湿敏传感器正从简单的湿敏元件向集成化、智能化、多参数检测方向迅速发展，为开发新一代湿度/温度测控系统创造了有利条件，也将湿度测量技术提高到新的水平。

湿敏元件是最简单的湿度传感器，主要有电阻式、电容式两大类。

（1）湿敏电阻。湿敏电阻的特点是在基片上覆盖一层由感湿材料制成的膜，空气中的水蒸气吸附在感湿膜上时，元件的电阻率和电阻值都发生变化，利用这一特性即可测量湿度。湿敏电阻的种类很多，如金属氧化特性湿敏电阻、硅湿敏电阻、陶瓷湿敏电阻等。湿敏电阻的优点是灵敏度高，主要缺点是线性度和产品的互换性差。

（2）湿敏电容。湿敏电容一般是由高分子薄膜电容制成的，常用的高分子材料有聚苯乙烯、聚酰亚胺、醋酸纤维素等。当环境湿度发生改变时，湿敏电容的介电常数发生变化，使其电容量也发生变化，其电容变化量与相对湿度成正比。湿敏电容的主要优点是灵敏度高、产品互换性好、响应速度快、湿度的滞后量小、便于制造、容易实现小型化和集成化，其精度一般比湿敏电阻要低一些。

除电阻式、电容式湿敏元件之外，还有电解质离子型湿敏元件、重量型湿敏元件（利用感湿膜质量的变化来改变振荡频率）、光强型湿敏元件、声表面波湿敏元件等。湿敏元件的线性度及抗污染性差，在检测环境湿度时，湿敏元件要长期暴露在待测环境中，很容易被污染而影响其测量精度及长期稳定性。

集成湿度传感器主要有三大类，即①线性电压输出式集成湿度传感器，其主要特点是采用恒压供电，内置放大电路，能输出与相对湿度呈比例关系的伏特级电压信号，响应速度快，重复性好，抗污染能力强。②线性频率输出集成湿度传感器，它采用模块式结构，属于频率输出式集成湿度传感器，在 55%RH 时的输出频率为 8 750Hz（型值），当湿度从 10% 变化到 95% 时，输出频率就从 9 560Hz 减小到 8 030Hz。这种传感器具有线性度好、抗干扰能力强、便于配数字电路或单片机、价格低等优点。③频率/温度输出式集成湿度传感器，它的典型型号为 HTF3223 型。它除具有 HF3223 型的功能以外，还增加了温度信号输出端，利用负温度系数（NTC）热敏电阻作为温度传感器。当环境温度变化时，其电阻值也相应改变并且从NTC端引出，配上二次仪表即可测出温度值。

二、自动化控制常用的编码器

编码器是将信号（比特流）或数据进行编制，转换为可用以通信、传输和存储的信号形式的设备。编码器把角位移或直线位移转换成电信号，前者称为码盘，后者称为码尺。按照读出方式编码器可以分为接触式和非接触式两种；按照工作原理编码器可分为增量式和绝对式两种。增量式编码器是将位移转换成周期性的电信号，再把这个电信号转变成计数脉冲，用脉冲的个数表示位移的大小。绝对式编码器的每一个位置对应一个确定的数字码，因此它的示值只与测量的起始和终止位置有关，而与测量的中间过程无关。

（一）编码器的分类

编码器按码盘的刻孔方式不同可以分为以下几类：

（1）增量型。即每转过一个单位的角度就发出一个脉冲信号（也有发正余弦信号，然后对其进行细分，斩波输出频率更高的脉冲），通常为A相、B相、Z相输出，A相、B相为相互延迟1/4周期的脉冲输出，根据延迟关系可以区别正反转，而且通过取A相、B相的上升和下降可以进行2倍频或4倍频；Z相为单圈脉冲，即每圈发出一个脉冲。

（2）绝对值型。即对应一圈，每个基准的角度发出一个唯一与该角度对应二进制的数值，通过外部记圈器件可以进行多个位置的记录和测量。

根据编码器信号的输出类型可以分为电压输出、集电极开路输出、推拉互补输出和长线驱动输出。

根据编码器机械安装形式可以分为：①有轴型，有轴型又可分为夹紧法兰型、同步法兰型和伺服安装型等；②轴套型，轴套型又可分为半空型、全空型和大口径型等。

根据编码器的工作原理可分为光电式、磁电式和触点电刷式。

（二）光电编码器

光电编码器是一种通过光电转换将输出轴上的机械几何位移量转换成脉冲或数字量的传感器。这是目前应用最多的传感器，光电编码器是由光栅盘和光电检测装置组成的。光栅盘是在一定直径的圆板上等分地开通若干个长方形孔。由于光电码盘与电动机同轴，电动机旋转时，光栅盘与电动机同速旋转，经发光二极管等电子元件组成的检测装置检测输出若干脉冲信号，通过计算每秒光电编码器输出脉冲的个数就能反映当前电动机的转速。此外，为判断旋转方向，码盘还可提供相位相差 90° 的两路脉冲信号。

根据检测原理，编码器可分为光学式、磁式、感应式和电容式。根据其刻度方法及信号输出形式，编码器也可分为增量式、绝对式以及混合式三种。

（1）增量式编码器。增量式旋转编码器通过内部两个光敏接受管转化其角度码盘的时序和相位关系，得到角度码盘角度位移量增加（正方向）或减少（负方向）。在接合数字电路特别是单片机后，增量式旋转编码器在角度测量和角速度测量方面比绝对式旋转编码器更具有廉价和简易的优势。

如图 2-2 所示，*A*、*B* 两点对应两个光敏接收管，*A*、*B* 两点间距为 S_2，角度码盘的光栅间距分别为 S_0 和 S_1。当角度码盘以某个速度匀速转动时，那么可知输出波形图中的 $S_0:S_1:S_2$ 比值与实际图的 $S_0:S_1:S_2$ 比值相同，同理角度码盘以其他速度匀速转动时，输出波形图中的 $S_0:S_1:S_2$ 比值与实际图的 $S_0:S_1:S_2$ 比值仍相同。如果角度码盘做变速运动，把它看成多个运动周期的组合，那么每个运动周期中输出波形图中的 $S_0:S_1:S_2$ 比值与实际图的 $S_0:S_1:S_2$ 比值仍相同。

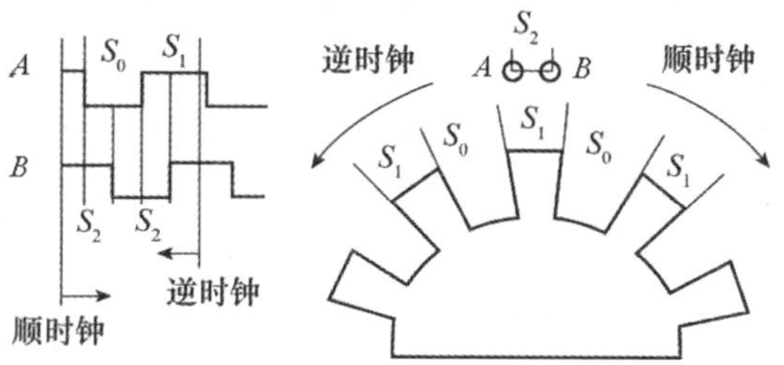

图 2-2 增量式旋转编码器的内部工作原理图

把当前的 *A*、*B* 输出值保存起来，与下一个 *A*、*B* 输出值做比较，就可以轻易地得出角度码盘的运动方向，如果光栅格 S_0 等于 S_1，即 S_0 和 S_1 弧度夹角相同，且 S_2 等于 S_0 的 1/2，那么可得到此次角度码盘运动位移角度为 S_0 弧度夹角的 1/2，除以所消耗的时间，就得到此次角度码盘运动位移的角速度了。

S_0 等于 S_1，且 S_2 等于 S_0 的 1/2 时，1/4 个运动周期就可以得到运动方向位和位移角度，如果 S_0 不等于 S_1，S_2 不等于 S_0 的 1/2，那么需要 1 个运动周期才可以得到运动方向位和位移角度。常用的鼠标应用的也是这个原理。

增量式编码器直接利用光电转换原理输出三组方波脉冲 A、B 和 Z 相；A、B 两组脉冲的相位差为 90° ，从而可方便地判断出旋转方向，而 Z 相为每转一个脉冲，用于基准点定位。它的优点是原理构造简单，机械平均寿命可在几万小时以上，抗干扰能力强，可靠性高，适合长距离传输；其缺点是无法输出轴转动的绝对位置信息。

（2）绝对式编码器。绝对式编码器是直接输出数字量的传感器，在它的圆形码盘上沿径向有若干同心码道，每条码道上由透光和不透光的扇形区相间组成，相邻码道的扇区数目是双倍关系，码盘上的码道数就是它的二进制数码的位数。在码盘的一侧是光源，另一侧对应每一码道有一光敏元件。当码盘处于不同位置时，各光敏元件根据受光照与否转换出相应的电平信号，形成二进制数。这种编码器的特点是不要计数器，在转轴的任意位置都可读出一个固定的与位置相对应的数字码。显然，码道越多分辨率就越高，对于一个具有 *N* 位二进制分辨率的编码器，其码盘必须有 *N* 条码道。目前国内已有 16 位的绝对编码器产品。

绝对式编码器是利用自然二进制或循环二进制方式进行光电转换的。绝对式编码器与增量式编码器的不同之处在于圆盘上透光、不透光的线条图形，绝对式编码器可有若干编码，根据读出码盘上的编码检测绝对位置。编码的设计可采用二进制码、循环码、二进制补码等。它的特点是：①可以直接读出角度坐标的绝对值；②没有累积误差；③电源切除后位置信息不会丢失。但是分辨率是由二进制的位数来决定的，即精度取决于位数，目前有 10 位、14 位等多种。

（3）混合式绝对值编码器。混合式绝对值编码器输出两组信息，一组信息用于检测磁极位置，带有绝对信息功能；另一组则完全与增量式编码器的输出信息相同。

光电编码器是一种角度（角速度）检测装置，它将输入给轴的角度量利用光电转换原理转换成相应的电脉冲或数字量，具有体积小、精度高、工作可靠、接口数字化等优点。它广泛应用于数控机床、回转台、伺服传动、机器人、雷达、军事目标测定等需要检测角度的装置和设备中。

第三节 自动化控制常用的自动化仪表

“仪表”两个字使人们很容易想到电流表、电压表、示波器等实验室中常用的测试仪器。自动化仪表不是这些通用仪表，而是生产自动化中，特别是连续生产过程自动化中必需的一类专门的仪器仪表，其中包括对工艺参数进行测量的检测仪表、根据测量值对给定值的偏差按一定的调节规律发出调节命令的调节仪表，以及根据调节仪表的命令对进出生产装置的物料或能量进行控制的执行器等。这些仪表代替人们对生产过程进行测量、控制、监督和保护，是实现生产过程自动化必不可少的技术工具。

一、自动化仪表的发展过程

自 20 世纪 30 年代以来，自动化技术获得了惊人的成就，在工业生产和国民经济各行业起着关键的作用。自动化水平已成为衡量各行各业现代化水平的一个重要标志。过程控制通常是指石油、化工、电力、冶金、轻工、建材、核能等工业生产中连续的或按一定周期程序进行的生产过程自动控制，它是自动化技术的重要组成部分。在现代工业生产过程中，过程控制技术在实现各种最优的技术经济指标、提高经济效益和劳动生产率、改善劳动条件、保护生态环境等方面起着越来越大的作用，而自动化仪表是生产过程自动控制的灵魂。

自动化仪表的发展大致经历了以下几个阶段：

（1）仪表化与局部自动化阶段（20 世纪 50—60 年代）。20 世纪 50 年代前后，自动化仪表在过程控制中开始得到发展。一些工厂、企业实现了仪表化和局部自动化，这是自动化仪表在过程控制发展中的第一阶段。这个阶段的主要特点是：采用的过程检测控制仪表为基地式仪表和部分单元组合式仪表，而且多数是气动仪表；过程控制系统的结构绝大多数是单输入单输出系统；被控参数主要是温度、压力、流量和液位四种工艺参数；控制的目的主要是保持这些工艺参数的稳定、确保生产安全；过程控制系统分析、综合的理论基础是以频率法和根轨迹法为主体的经典控制理论。

（2）综合自动化阶段（20 世纪 60—70 年代中期）。在 20 世纪 60 年代，随着工业生产的不断发展，对自动化仪表提出了新的要求，电子技术的迅速发展也为自动化技术工具的不断完善提供了条件，自动化仪表控制开始进入第二阶段。在这一阶段中，工业生产过程出现了一个车间乃至一个工厂的综合自动化，其主要特点是：大量采用单元组合仪表（包括气动和电动）和组装式仪表。同时，计算机开始应用于过程控制领域，实现了直接数字控制和设定值控制。在自动化仪表过程控制系统的结构方案方面相继出现了各种复杂的控制系统，如串级控制、前馈反馈复合控制、史密斯预估控制以及比值、均匀、选择性控制等，一方面提高了控制质量，另一方面也满足了一些特殊的控制要求。自动化仪表控制系统的分析与综合的理论基础由经典控制理论发展到现代控制理论。控制系统由单变量系统转向多变量系统，以解决生产过程中遇到的更为复杂的问题。

（3）全盘自动化阶段（20 世纪 70 年代中期至今）。20 世纪 70 年代中期以来，随着现代工业生产的迅猛发展，微型计算机的开发与应用，使自动化仪表的发展达到了一个新的水平，实现了全车间、全工厂，甚至全企业无人或很少人参与操作管理、过程控制最优化与现代化的集中调度管理相结合的方式，即全盘自动化的方式，过程控制发展到现代过程控制的新阶段，这是自动化仪表发展的第三阶段。这一阶段的主要特点是：在新型自动化技术工具方面，开始采用以微处理器为核心的智能单元组合仪表（包括可编程序控制器等）；成分在线检测与数据处理的应用也日益广泛；模拟调节仪表的品种不断增加，可靠性不断提高，电动仪表也实现了本质安全防爆，适应了各种复杂过程控制的要求。在过程控制系统的结构方面，由单变量控制系统发展到多变量系统，由生产过程的定值控制发展到最优控制、自适应控制，由自动化仪表控制系统发展到计算机分布式控制系统等。在控制理论的运用方面，现代控制理论移用到过程控制领域，如状态反馈、最优控制、解耦控制等在过程控制中的应用，加速了过程建模、测试以及控制方法设计、分析等控制技术和理论的发展。

当前，自动化仪表控制已进入了计算机时代，进入了所谓计算机集成过程控制系统（CIPS）的时代。CIPS 利用计算机技术对整个企业的运作过程进行综合管理和控制，包括市场营销、生产计划调度、原材料选择、产品分配、成本管理，以及工艺过程的控制、优化和管理等全过程。①

二、仪表的误差与精度

（1）真值、测量值与误差。真值：一个变量本身所具有的真实值，它是一个理想概念，一般是测量无法得到的。

约定真值：一个接近真值的值，它与真值之差可忽略不计。实际测量中以在没有系统误差的情况下，以足够多次测量值的平均值作为约定真值。

相对真值：当高一级标准器的误差仅为低一级的 1/3 以下时，可认为高一级的标准器或仪表示值为低一级的相对真值。

测量误差：测量值与真实值之间存在的差别，在计算误差时，一般用约定真值或相对真值来代替。

绝对误差：误差偏离真实值的多少。绝对误差的实质是仪表读数与被测参数真实值之差。仪表的绝对误差只能是读数与约定真值或相对真值之差。

相对误差：仪表的绝对误差与真值的百分比，相对误差 =（测量值 – 真值）/（标尺上限值 – 标尺下限值）×100%。

引用误差：绝对误差与仪表量程的百分比，引用误差 =（绝对误差的最大值 / 仪表量程）×100%。

① 施仁 . 自动化仪表与过程控制 [M]. 北京：电子工业出版社，2011.

基本误差：在标准条件下，基准值（量程）范围内的引用误差，又称引用误差或相对误差，是一种简化的相对误差。基本误差 =（最大绝对误差 / 仪表量程）×100%=MAX（仪表指示值 – 被测量真值）/（测量上限 – 测量下限）×100%。

重复性误差：在相同的工作条件下，对同一个输入值在短时间内多次连续测量输出所获得的极限值之间的代数差。

线性误差：实测曲线与理想直线之间的偏差。

线性度：校准曲线与规定直线的吻合程度，是测试系统的输出与输入系统能否像理想系统那样保持正常值比例关系（线性关系）的一种度量。

在规定条件下，传感器校准曲线与拟合直线间的最大偏差（$\Delta Y_{\max}$）与满量程输出（Y）的百分比，称为线性度（线性度又称为非线性误差），该值越小，表明线性特性越好，表示公式如下：

$$\delta = \Delta Y_{\max} / Y \times 100\% \qquad (2\text{-}1)$$

以上说到了“拟合直线”的概念，拟合直线是一条通过一定方法绘制出来的直线，求拟合直线的方法有端基法、最小二乘法等。

线性范围：传感器在线性工作时的可测量范围。

（2）仪表精度等级。仪表的精度是用基本误差来表示的，精度是反映仪表误差大小的术语。在工业测量中，为了便于表示仪表的质量，通常用精度等级来表示仪表的准确程度。精度等级由传感器的基本误差极限和影响量（如温度变化、湿度变化、电源波动、频率改变等）引起的改变量极限确定。

$$\delta = (\varDelta_{\max}) / (A_{\max}) \times 100\% \qquad (2\text{-}2)$$

其中，δ为精度等级；$\varDelta_{\max}$为最大测量误差；$A_{\max}$为仪表量程。

精度等级是衡量仪表质量优劣的重要指标之一。我国工业仪表等级分为 0.1，0.2，0.5，1.0，1.5，2.5，5.0 七个等级，并标志在仪表刻度标尺或铭牌上。工业仪表等级级数越小，精度（准确度）就越高。如果某台测温仪表的基本误差为 ±1.0%，则认为该仪表的精确度等级符合 1.0 级。如果某台测温仪表的基本误差为 ±1.3%，则认为该仪表的精确度等级符合 1.5 级。

科学实验用仪表精度等级在 0.05 级以上，工业检测用仪表多在 0.1 ～ 4.0 级，其中校验用标准表多为 0.1 或 0.2 级，现场用多为 0.5 ～ 4.0 级。一级标准仪表的准确度是：0.005，0.02，0.05；二级标准仪表的准确度是：0.1，0.2，0.35，0.5；一般工业用仪表的准确度是：1.0，1.5，2.5，4.0。

三、液位测量仪表

液位测量作为工业生产中最重要的工作参数，其与温度、压力、流量堪称工业四大工作参数。科技发展到今天，产生了无数种液位测量方法，从古老的标尺，发展到现代的超声波、雷达测量仪，液位的测量技术也经历了质的飞跃。下面就介绍比较常见的工业液位测量仪表。

（1）磁性浮子（翻板）液位计。众所周知，液体具有流动性，地球对地球上的液体具有吸引力（重力）和压强，磁性浮子液位计根据浮力原理和磁性耦合作用研制而成。当被测容器中的液位升降时，液位计本体管中的磁性浮子也随之升降，浮子内的永久磁钢通过磁耦合传递到磁翻柱指示器，驱动红、白翻柱翻转 180°，当液位上升时翻柱由白色转变为红色，当液位下降时翻柱由红色转变为白色，指示器的红白交界处为容器内部液位的实际高度，从而实现液位的清晰指示。

磁性液位计一般安装于桶槽外侧延伸管上，也可用于各种塔、罐、槽、球型容器和锅炉等设备的介质液位检测。桶槽内部的液位能由翻板指示器清楚得知。当液位计直接配置显示仪时，可省去该系统信号检测的中间变送，从而提高其传输精度。

（2）磁致伸缩液位计。磁致伸缩液位传感器的结构部分由不锈钢管（测杆）、磁致伸缩线（波导丝）、可移动浮子（内有永久磁铁）等部分组成。传感器工作时，传感器的电路部分将在波导丝上激励出脉冲电流，该电流沿波导丝传播时，会在波导丝周围产生脉冲电流磁场。在传感器测杆外配有一浮子，浮子沿测杆随液位的变化而上下移动。在浮子内部有一组永久磁环。当脉冲电流磁场与浮子产生的磁场相遇时，浮子周围的磁场发生改变，从而使得由磁致伸缩材料做成的波导丝在浮子所在的位置产生一个扭转波脉冲，这个脉冲以固定的速度沿波导丝传回，并由检出机构检出。通过测量发射脉冲电流与扭转波的时间差，可以精确地确定浮子所在的位置，即液面的位置。

磁致伸缩液位计用于石油、化工原料储存、工业流程、生化、医药、食品饮料、罐区管理和加油站地下库存等各种液罐的液位工业计量和控制，大坝水位、水库水位监测与污水处理等。

（3）雷达液位计。雷达液位计采用“发射—反射—接收”的工作模式。雷达液位计的天线发射出电磁波，这些波经被测对象表面反射后，再被天线接收，电磁波从发射到接收的时间与到液面的距离成正比。

雷达液位计记录脉冲波经历的时间，而电磁波的传输速度为常数，则可算出液面到雷达天线的距离，从而知道液面的液位。

在实际运用中，雷达液位计有两种方式，即调频连续波式和脉冲波式。采用调频连续波技术的液位计功耗大，采用四线制，电子电路复杂。而采用雷达脉冲波技术的液位计功耗低，可用二线制的 24V DC 供电，容易实现本质安全，精确度高，适用范围更广。

雷达液位计应用于水液储罐、酸碱储罐、浆料储罐、固体颗粒、小型储油罐，各类导电、非导电介质、腐蚀性介质，如煤仓、灰仓、油罐、酸罐等。

（4）超声波液位计。在测量中，超声波脉冲由传感器（换能器）发出，声波经液体表面反射后被同一传感器或超声波接收器接收，通过压电晶体或磁致伸缩器件转换成电信号，并由声波的发射和接收之间的时间来计算传感器到被测液体表面的距离。由于采用非接触测量，被测介质几乎不受限制，可广泛用于各种液体和固体物料高度的测量。

超声波液位计主要应用于水及污水处理，如泵房、集水井、生化反应池、沉淀池等，以及电力、矿山，如灰浆池、煤浆池等。

第四节 自动化控制常用的伺服电动机与伺服控制系统

伺服电动机又称执行电动机，在自动控制系统和计算装置中用作执行元件来驱动控制对象。其功能是把所收到的电信号转换成电动机轴上的角位移或角速度输出，若改变输入信号电压的大小和极性（或相位），则伺服电动机的转角、转速和转向都将非常灵敏和准确地跟着变化。

伺服电动机具有大扭力、控制简单、装配灵活、体积小、质量轻、动作响应灵敏、进载能力大、调速范围宽、低速波动小等优点，已广泛应用于各种自动控制领域，如机器人、医疗仪器、数控机床、印刷、纺织、纺染、食品包装、雷达跟踪、电动自行车等方面。其主要特点是：当信号电压为零时无自转现象，转速随着转矩的增加而匀速下降。

伺服控制系统是所有机电一体化设备的核心，它的基本设计要求是输出量能迅速而准确地响应输入指令的变化，如机械手控制系统的目标是使机械手能够按照指定的轨迹进行运动。这种输出量以一定准确度随时跟踪输入量（指定目标）变化的控制系统称为伺服控制系统，伺服系统也称为随动系统或自动跟踪系统。它是以机械量如位移、速度、加速度、力、力矩等作为被控量的一种自动控制系统。

常用的伺服电动机按其使用的电源性质可分为交流伺服电动机和直流伺服电动机两大类。从 20 世纪 70 年代后期到 80 年代初期，随着微处理器技术、大功率高性能半导体功率器件技术和电机永磁材料制造工艺的发展及其性价比的日益提高，交流伺服技术——交流伺服电机和交流伺服控制系统——逐渐成为主导产品。交流伺服驱动技术已经成为工业领域实现自动化的基础技术之一，并将逐渐取代直流伺服系统。

一、伺服系统的构成与分类

（一）伺服系统的构成

由于伺服系统的服务对象很多，如计算机光盘驱动控制、雷达跟踪系统、进给跟踪系统等，因而对伺服系统的要求也有所差别。工程上对伺服系统的技术要求很具体，可以归纳为：①对系统稳态性能的要求；②对伺服系统动态性能的要求；③对系统工作环境条件的要求；④对系统制造成本、运行的经济性、标准化程度、能源条件等方面的要求。

虽然伺服系统因服务对象的运动部件、检测部件以及机械结构等的不同而对伺服系统的要求也有差异，但所有伺服系统的共同点是带动控制对象按照指定规律做机械运动。从自动控制理论的角度来分析，伺服控制系统一般包括控制器、被控对象、执行环节、检测环节、比较环节五部分。伺服系统的组成及原理如图 2-3 所示。

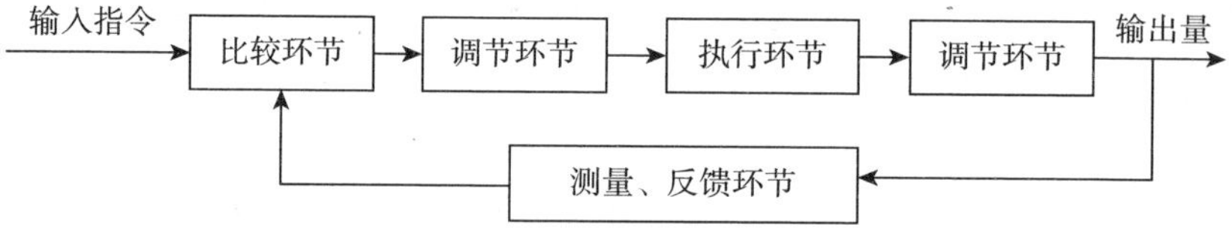

图 2-3 伺服系统的组成及原理图

首先是比较环节。比较环节是将输入的指令信号与系统的反馈信号进行比较，以获得输出与输入间的偏差信号的环节，通常由专门的电路或计算机来实现。

其次是控制器。控制器通常是指计算机或 PID 控制电路，其主要任务是对比较元件输出的偏差信号进行变换处理，以控制执行元件按要求动作。

再次是执行环节。执行环节的作用是按控制信号的要求，将输入的各种形式的能量转换成机械能，驱动被控对象工作。

第四是被控对象。被控对象是指被控制的机构或装置，是直接完成系统任务的主体。被控对象一般包括传动系统、执行装置和负载。

最后是检测环节。检测环节是指能够对输出进行测量并转换成比较环节所需要的量纲的装置，一般包括传感器和转换电路。

在实际伺服控制系统中，上述每个环节在硬件特征上并不成立，可能几个环节在一个硬件中，如测速直流电机既是执行元件又是检测元件。

（二）伺服系统的分类

按不同的控制原理，伺服系统可分为开环、半闭环和全闭环伺服系统。

（1）开环伺服系统。若控制系统没有检测反馈装置则称为开环伺服系统，它主要由驱动电路、执行元件和被控对象三大部分组成。常用的执行元件是步进电机，通常以步进电机作为执行元件的开环系统是步进式伺服系统，在这种系统中，如果是大功率驱动时，用步进电机作为执行元件。驱动电路的主要任务是将指令脉冲转化为驱动执行元件所需的信号。开环伺服系统结构简单，但精度不是很高。

目前，大多数经济型数控机床采用这种没有检测反馈的开环控制结构。最近几年，老式机床在数控化改造时，工作台的进给系统广泛采用开环控制。

数控装置发出脉冲指令，经过脉冲分配和功率放大后，驱动步进电机和传动件的累积误差。因此，开环伺服系统的精度低，一般为 0.01mm 左右，且速度也有一定的限制。

虽然开环控制在精度方面有不足，但其结构简单、成本低、调整和维修都比较方便。另外，由于被控量不以任何形式反馈到输入端，所以其工作稳定、可靠，因此，在一些精度、速度要求不很高的场合，如线切割机、办公自动化设备中还是获得了广泛应用。

（2）半闭环伺服系统。通常把由安装在电机轴端的检测元件组成的伺服系统称为半闭环系统，由于电机轴端和被控对象之间存在传动误差，半闭环伺服系统的精度要比闭环伺服系统的精度低一些。

工作台的位置通过电机上的传感器或是安装在丝杆轴端的编码器间接获得，它与全闭环伺服系统的区别在于其检测元件位于系统传动链的中间，故称为半闭环伺服系统。显然，由于有部分传动链在系统闭环之外，故其定位精度比全闭环的稍差。但由于测量角位移比测量线位移容易，并可在传动链的任何转动部位进行角位移的测量和反馈，故结构比较简单，调整、维护也比较方便。由于将惯性质量很大的工作台排除在闭环之外，这种系统调试较容易、稳定性好，具有较高的性价比，被广泛应用于各种机电一体化设备。

（3）全闭环伺服系统。全闭环伺服系统主要由执行元件、检测元件、比较环节、驱动电路和被控对象五部分组成。在闭环系统中，检测元件将被控对象移动部件的实际位置检测出来并转换成电信号反馈给比较环节。常见的检测元件有旋转变压器、感应同步器、光栅、磁栅和编码器等。

在一个全闭环伺服系统中，安装在工作台上的位置检测器可以是直线感应同步器或长光栅，它可将工作台的直线位移转换成电信号，并在比较环节与指令脉冲相比较，所得到的偏差值经过放大，由伺服电机驱动工作台向偏差减小的方向移动。若数控装置中的脉冲指令不断地产生，工作台就随之移动，直到偏差等于零为止。

全闭环伺服系统将位置检测器件直接安装在工作台上，从而可获得工作台实际位置的精确信息，定位精度可以达到亚微米量级，从理论上讲，其精度主要取决于检测反馈部件的误差，而与放大器、传动装置没有直接联系，是实现高精度位置控制的一种理想控制方案。但实现起来难度很大，机械传动链的惯量、间隙、摩擦、刚性等非线性因素都会给伺服系统造成影响，从而使系统的控制和调试变得异常复杂，制造成本亦会急速攀升。因此，全闭环伺服系统主要用于高精密和大型的机电一体化设备。

二、直流伺服电动机与直流伺服系统解析

（一）直流伺服电动机

直流伺服电动机的结构和一般直流电动机一样，只是为了减小转动惯量而做得细长一些。它的励磁绕组和电枢分别由两个独立电源供电。通常采用电枢控制，就是励磁电压一定，建立的磁通量少也是定值，而将控制电压加在电枢上，其接线图如图 2-4 所示。

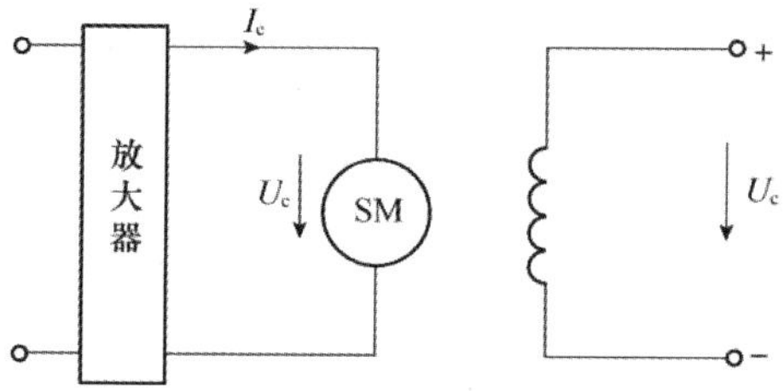

图 2-4 直流伺服电动机接线图

直流伺服电动机的结构主要包括三大部分。

定子：定子磁极磁场由定子的磁极产生。根据产生磁场的方式，直流伺服电动机可分为永磁式和他激式。永磁式磁极由永磁材料制成，他激式磁极由冲压硅钢片叠压而成，外绕线圈通以直流电流便产生恒定磁场。

转子：转子又称为电枢，由硅钢片叠压而成，表面嵌有线圈，通以直流电时，在定子磁场作用下产生带动负载旋转的电磁转矩。

电刷与换向片：为使所产生的电磁转矩保持恒定方向，转子能沿固定方向均匀地连续旋转，电刷与外加直流电源相接，换向片与电枢导体相接。

直流伺服电动机的工作原理与普通直流电动机的相同，只要在其励磁绕

组通入电流且产生磁通。当电枢绕组中通过电流时，电枢电流就与磁通相互作用产生电磁转矩，使电动机转动；这两个绕组其中一个断电时，电动机立即停转，且无自转现象。直流伺服电动机具有良好的启动、制动和调速特性，可以很方便地在宽范围内实现平滑无极调速，故多用在对伺服电动机的调速性能要求较高的生产设备中。

由直流伺服电动机的基本原理分析得到：

$$n=(u-I_aR_a)/k_e \tag{2-3}$$

式中，n——电枢的转速，单位：r/min；

u——电枢电压，单位：V；

I_a——电机电枢电流，单位：A；

R_a——电枢电阻，单位：Ω；

k_e——电势系数（$k_e=Ce\Phi$）。

调节直流伺服电动机的转速具体有三种方法。

（1）改变电枢电压。调速范围较大时，直流伺服电动机常用此方法调速。

（2）改变磁通量（改变 k_e 的值）。改变激磁回路的电阻以改变激磁电流，可以达到改变磁通量的目的；调磁调速因其调速范围较小常常作为调速的辅助方法，而主要的调速方法是调压调速。若采用调压与调磁两种方法互相配合，可以获得很宽的调速范围，又可充分利用电动机的容量。

（3）在电枢回路中串联调节电阻。此时有

$$n=\left[u-I_a(R_a+R_t)\right]/k_e \tag{2-4}$$

从式中可知，在电枢回路中串联电阻的办法使转速只能调低，而且电阻上的能耗较大，这种办法并不经济，仅用于较少场合。

（二）直流伺服系统

直流伺服系统的工作原理是建立在电磁力定律基础上的。与电磁转矩相关的是互相独立的两个变量主磁通与电枢电流，它们分别控制励磁电流与电枢电流，可方便地进行转矩与转速控制。另外，从控制角度看，直流伺服控制系统是一个单输入单输出的单变量控制系统，经典控制理论完全适用于这种系统，因此，直流伺服控制系统结构简单，调速性能优异，在数控机床的进给驱动中曾占据着主导地位。

然而，从实际运行角度考虑，直流伺服电动机引入了机械换向装置，其成本高，故障多，维护困难，经常因炭刷产生的火花而影响生产，并对其他设备产生电磁干扰。同时机械换向器的换向能力限制了电动机的容量和速度。电动机的电枢在转子上，使得电动机效率低，散热差。为了改善换向能力，减小电枢的漏感，转子变得短粗，影响了系统的动态性能。

在数控机床等直流伺服系统中，速度调节主要通过改变电枢电压的大小来实现，经常采用晶闸管相控整流调速或大功率晶体管脉宽调制调速两种方法，后者常见于中小功率系统，它采用脉冲宽度调制技术，其工作原理是：通过改变“接通脉冲”的宽度，使直流电机电枢上的电压“占空比”改变，从而改变电枢电压的平均值，以控制电机的转速。

三、交流伺服电动机与交流伺服系统解析

（一）交流伺服电动机

交流伺服电动机的定子绕组和单相异步电动机相似，其定子上装有两个位置空间互差 90° 的绕组，一个是励磁绕组，它始终接在交流电压上；另一个是控制绕组，连接控制信号电压。运行时励磁绕组始终加上一定的交流励磁电压，控制绕组上则加大小或相位随信号变化的控制电压。①

常见的交流伺服电动机转子的结构形式有鼠笼型转子和空心杯型转子两种。鼠笼型转子的结构与一般笼型异步电动机的转子相同，采用高电阻率的导电材料做成的高电阻率导条的鼠笼转子。为了减小转子的转动惯量，转子做得很细，增加启动转矩对输入信号的快速反应和克服自转现象。采用铝合金制成的空心杯型转子交流伺服电动机的定子分为外定子和内定子两部分。为了减小磁路的磁阻，在空心杯型转子内放置固定的内定子。外定子的结构与笼型交流伺服电动机的定子相同，铁芯槽内放有两相绕组。空心杯型转子由导电的非磁性材料（如铝）做成薄壁筒形，放在内、外定子之间。杯子底部固定于转轴上，杯壁薄而轻，厚度一般在 0.2 ～ 0.8mm，因而转动惯量小，动作快且灵敏。

交流伺服电动机在没有控制电压时，定子内只有励磁绕组产生的脉动磁场，转子静止不动；当有控制电压时，定子内便产生一个旋转磁场，转子沿旋转磁场的方向旋转，在负载恒定的情况下，电动机的转速随控制电压的大小而变化，当控制电压的相位相反时，伺服电机将反转。

交流伺服电动机有以下三种转速控制方式：①幅值控制，控制电流与励磁电流的相位差保持 90° 不变，通过改变控制电压的大小调节电机转速；②相位控制，控制电压与励磁电压的大小，保持额定值不变，通过改变控制电压的相位调节电机转速；③幅值－相位控制，同时改变控制电压幅值和

① 寇宝泉，程树康 . 交流伺服电机及其控制 [M]. 北京：机械工业出版社，2008.

相位来调节电机转速。交流伺服电动机转轴的转向随控制电压相位的反相而改变。

（二）交流伺服系统

交流伺服系统按其采用的驱动电动机的类型来分，主要有两大类：永磁同步（SM 型）电动机交流伺服系统和感应式异步（IM 型）电动机交流伺服系统。其中，永磁同步电动机交流伺服系统在技术上已趋于完全成熟，具备了十分优良的低速性能，并可实现弱磁高速控制，拓宽了系统的调速范围，适应了高性能伺服驱动的要求。随着永磁材料性能的大幅度提高和价格的降低，其在工业生产和自动化领域中的应用将越来越广泛，目前已成为交流伺服系统的主流。感应式异步电动机交流伺服系统由于感应式异步电动机结构坚固，制造容易，价格低廉，因而具有很好的发展前景，代表了将来伺服技术的方向。但由于该系统采用矢量变换控制，相对永磁同步电动机伺服系统来说控制比较复杂，而且电动机低速运行时还存在着效率低、发热严重等有待克服的技术问题，目前并未得到普遍应用。

第三章 基于人工智能算法的智能控制

自动控制是指在无人参与的情况下，利用控制装置使被控对象按期望的规律自动运行或保持状态不变。本章重点论述基于模糊逻辑的智能控制、基于神经网络的智能控制、专家控制与仿人智能控制以及递阶智能控制与学习控制。

第一节 基于模糊逻辑的智能控制

一、模糊逻辑基础知识

（一）基于二值逻辑的集合

将具有某种属性的、确定的、彼此之间可以区别的事物的全体称为集合，用英文大写字母表示。集合概念的实质是按某种属性对事物分类或划分。将组成集合的事物称为集合的元素，用英文小写字母表示。被研究对象所有元素的全体称为论域，用 U 表示，又称全集、全域或空间。一个集合有多种表示法，而特征函数是表示经典集合的一种重要方法。

（二）模糊集合与模糊概念

概念是人们刻画客观事物本质属性的一种思维形式，概念有内涵和外延之分。从集合论的角度看，概念的内涵就是集合的定义，而外延则是组成该集合的所有元素。在人们的思维中，有许多没有明确外延的概念，被称为模糊概念，如描述身高的“高”“矮”等。

经典集合不能描述模糊概念，因为模糊概念不能区别绝对的“属于”或“不属于”，不能用“0”或“1”两个值来描述。

（三）模糊系统的万能逼近特性

模糊系统是模糊逻辑推理系统的简称。组成模糊系统的最小元素是模糊集合描述的语言变量，由语言变量联合构成“若……则……”形式的模糊规则，由若干条规则构成描述系统输入输出之间的模糊关系，再加上模糊化方法、模糊推理机制和解模糊化方法，就组成了一个模糊系统。

模糊系统具有两个重要的特点：它是基于知识的系统，具有智能性；它是非线性系统，具有很强的非线性映射能力，即具有万能逼近特性。

一个模糊系统是由若干条“若……则……”规则构成从输入到输出的非线性映射。这些规则在输入输出空间 $X \times Y$ 中具有简单的几何特征，它们在 $X \times Y$ 空间上定义了许多模糊补块。“若 X 为模糊集 A_1，则 Y 为模糊集 B_1”，这条规则对应输入输出空间的笛卡儿积为 $A_1 \times B_1$。

若模糊补块越大，则模糊规则越模糊；若模糊补块越小，则模糊规则越精确。在完全精确的情况下，模糊补块（$A \times B$）就退化为一个点。因此，可以用模糊规则构成的模糊补块重叠来覆盖函数 f：$X \to Y$，从而达到用模糊系统 F：$X \to Y$ 去逼近函数 f：$X \to Y$ 的目的。

二、模糊控制的概述

当被控对象精确数学模型难以建立时，基于对象精确数学模型的传统控制理论的应用受到了极大的限制。然而，对于难以自动控制的生产过程，有经验的操作人员采用人工控制却能收到令人满意的效果。在这样的事实面前，人们又重新研究和考虑人的控制行为的特点、能否让计算机模拟人的思维方式、对难于建模的被控对象进行控制决策并实现自动控制。

人通过眼睛从温度表（计）上不断地观测出炉温的精确量，经过大脑判断出实际炉温与期望炉温之间的误差大小（模糊量），然后经过决策由臂和手实施对锅炉燃料（燃粉或燃油）输入量的不断调节，以达到控制炉温的目的。

总结上述人的控制行为，它遵循着反馈控制的基本思想。一个经验丰富的操作人员可以把手动操作控制炉温的原理示意图、多年积累的操作经验总结成若干条规则，如“若炉温低，则多加些燃料”等，用以培训年轻操作人员，逐渐代替他胜任这项工作。同样地，将由操作经验总结出的若干条控制规则存入计算机，让计算机模仿人的控制决策行为对炉温实现自动控制，这就是实现模糊控制的基本思想。

（一）模糊控制系统的组成部分

一个模糊控制系统和一个计算机数字控制系统从组成上看没有多大区别，如图 3-1 所示[①]，一个模糊控制系统可分为四个部分：模糊控制器、I/O 接口装置、广义对象（执行机构和被控对象）及传感器。

---

① 本章图片引自：李士勇，李研．智能控制 [M]. 北京：清华大学出版社，2016.

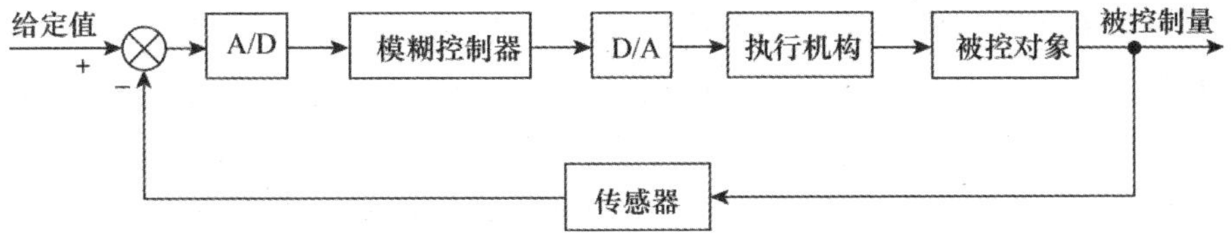

图 3-1 模糊控制系统框图

在微机模糊控制系统中，传感器代替人的眼睛，模糊控制器代替人脑控制决策，而执行机构代替人的臂和手。

（二）模糊控制的基本形式

模糊控制的决策过程是模拟人的模糊思维的三种基本形式：模糊概念、模糊判断和模糊推理。在模糊控制器中，模糊概念是通过模糊集合表示的模糊语言变量，如对误差（连续域）的精确量要转换为离散域（论域）上的模糊量，这一过程称为模糊量化处理，简称模糊化。

人的操作经验可以用语言总结成若干条模糊控制规则，这些规则可以用一个模糊关系矩阵来描述，它实际上是操作过程的一般原则，这些模糊控制规则又被称为被控对象的语言模型。

根据三段论模糊推理合成规则，模糊控制规则所确定的模糊关系 $\underset{\sim}{R}$ 作为模糊推理的大前提，输入的模糊变量 $\underset{\sim}{A}$ 作为小前提，将已知的小前提 $\underset{\sim}{A}$ 和模糊关系 $\underset{\sim}{R}$ 经过模糊推理合成可得到结论 $\underset{\sim}{B}=\underset{\sim}{A}\bullet\underset{\sim}{R}$。

如图 3-2 所示是模糊控制系统的原理图，为了便于对比，将人的模糊逻辑思维形式置于图的上方，正下方的模糊控制器推理过程的三个部分正好和人的模糊逻辑思维的三种形式相对应。其中，模糊量化处理是为了得到控制变量的模糊量。

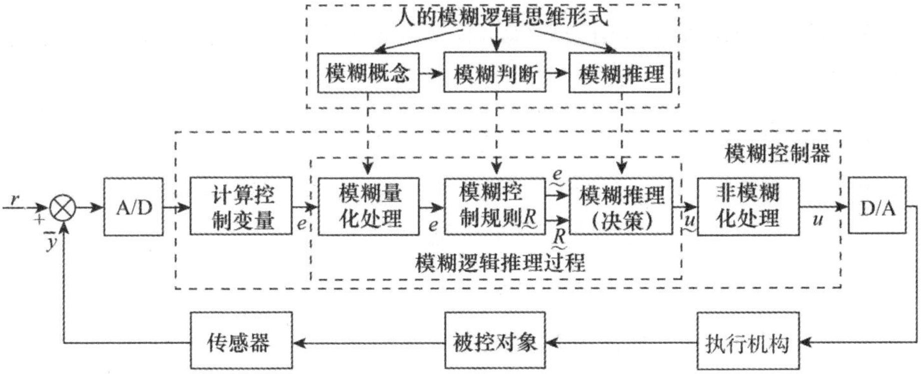

图 3-2 模糊控制系统原理图

为简单起见，模糊控制器的输入变量仅选误差信号且简记为 $e(t)$，以来说明模糊控制器的工作原理。微机经中断采样获取被控制量 y 的精确值，然后将此量与给定量比较得到误差信号 e 的精确值（$e=r-y$，在此取单位反馈）作为模糊控制器的输入量。此误差 e 的精确量经模糊量化处理变为误差的模糊量，可用相应的模糊语言集合中的一个子集 $\underset{\sim}{e}$ 表示。再由误差的模糊量 $\underset{\sim}{e}$ 和模糊控制规则确定的模糊关系 $\underset{\sim}{R}$ 进行模糊推理决策，得到控制量的模糊量为

$$\underset{\sim}{u}=\underset{\sim}{e}\cdot\underset{\sim}{R} \tag{3-3}$$

由于控制量的模糊量并不能直接送给执行机构，从而对被控对象施加控制，还需要将控制量的模糊量 $\underset{\sim}{u}$ 通过非模糊化（清晰化、去模糊、解模糊）处理转换为精确量 u，经数模转换为精确的模拟量送给执行机构，对被控对象施加第一步控制。然后，中断，等待第二次采样，进行第二步控制。这样不断地进行控制，将使被控对象的实际输出以一定精度逼近期望值，从而实现了被控对象的模糊控制。

不难看出，模糊控制器的输入量 e 是精确量，而它的输出控制量 u 也是精确量。因此，模糊控制器的控制并不模糊，它可以实现对被控对象的精确控制。在模糊控制器中的推理部分采用模糊逻辑推理，其好处在于：一是这种推理决策不需要被控对象的精确数学模型；二是这种推理决策模拟人的思维过程，具有智能性和高效性。

下面通过一个单输入单输出温度模糊控制系统，具体说明模糊控制系统的工作原理。某电热炉用于金属零件的热处理，按热处理工艺要求需保持炉温 600℃恒定不变。人工操作调节电压控制炉温的经验可以用语言总结成如下控制规则：若炉温低于 600℃则升压，低得越多升压越高；若炉温等于 600℃则保持电压不变；若炉温高于 600℃则降压，高得越多降压越低。

根据上述控制规则应用微机实现模糊控制炉温，需要按照下述步骤进行设计。

1. 确定模糊控制器的输入变量和输出变量

选择炉温实际值与设定值之差 $e(n)=t_0-t(n)$ 作为误差输入变量，选择调节炉温的电压 u 作为模糊控制器的输出变量。

2. 确定输入、输出变量的模糊语言变量

第一，选择输入、输出变量的模糊子集为

{负大，负小，零，正小，正大}={NB，NS，O，PS，PB}（3-2）

其中，NB，NS，O，PS，PB 分别为负大、负小、零、正小、正大的英文缩写。

第二，选择误差 e 的论域 X 及控制量 u 的论域 Y 均为

$$X=Y=\{-3, -2, -1, 0, 1, 2, 3\} \tag{3-3}$$

第三，确定输入、输出语言变量的隶属函数（如图 3-3 所示），由此可以得到模糊变量 $\underset{\sim}{e}$ 及 $\underset{\sim}{u}$ 的赋值，见表 3-1[①]。

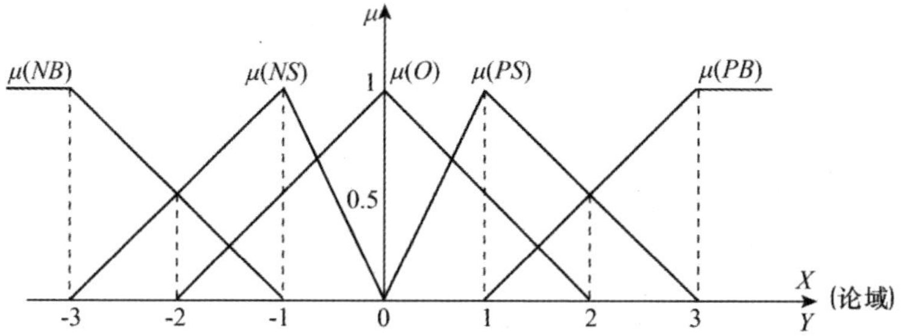

图 3-3 语言变量的隶属函数

表 3-1 模糊变量（e，u）的赋值表

量化等级 \ 隶属度 \ 语言变量	−3	−2	−1	0	1	2	3
PB	0	0	0	0	0	0.5	1
PS	0	0	0	0	1	0.5	0
O	0	0	0.5	1	0.5	0	0
NS	0	0.5	1	0	0	0	0
NB	1	0.5	0	0	0	0	0

3. 建立模糊控制规则

将上述人工调节电压控制炉温的规则，以应用误差作为输入变量，电压作为输出变量可以写成以下 5 条规则：

（1）若误差负大，则电压正大；

（2）若误差负小，则电压正小；

（3）若误差为零，则电压为零；

（4）若误差正小，则电压负小；

（5）若误差正大，则电压负大。

4. 模糊控制规则的模糊矩阵表示

模糊控制规则实际上是一组多重模糊条件语句，它可以表示为从误差论

① 表格引自：李士勇，李研．智能控制 [M]. 北京：清华大学出版社，2016.

域 X 到控制量论域 Y 的模糊关系 $\underset{\sim}{R}$ 。因为当论域有限时，模糊关系可以用模糊矩阵来表示。在炉温模糊控制中，论域 X 及 Y 均是有限的 7 个等级，所以可用模糊关系矩阵 $\underset{\sim}{R}$ 表示上述模糊控制规则。

上述的模糊条件语句可以用模糊关系表示为

$$\underset{\sim}{R} = NB_e \times PB_u + NS_e \times PS_u + O_e \times O_u + PS_e \times NS_u + PB_e \times NB_u \quad (3\text{-}4)$$

其中，语言变量 NB_e，PB_u 等的下标 e 和 u 分别表示它们是误差和控制量的语言变量。

三、自适应模糊控制

（一）自适应模糊控制的基础知识

1. 自适应控制的概念

20 世纪五六十年代，由于经典控制难以满足飞机、火箭及卫星高控制性能的要求，需要一种能自动地适应被控对象变化特性的高性能控制器——自适应控制器。

为了使被控制对象按预定规则运行，采用负反馈控制，当控制器的控制性能不满足要求时，也采用负反馈控制思想对控制器自身进行控制，以改善提高其控制性能，这就是自适应控制的基本思想。因此，自适应控制器必须同时具备如下两个功能：

（1）根据被控过程的运行状态给出合适的控制量，即控制功能；

（2）根据给出的控制量的控制效果，对控制器的控制决策进一步改进，以获得更好的控制效果，即学习功能。

自适应控制器是同时执行系统辨识和控制任务的。自适应模糊控制器的本质是通过对控制器性能的观察与评价，做出用语言形式描述的控制策略。自适应控制有两种类型：直接自适应控制与间接自适应控制。直接自适应控制原理如图 3-4 所示，它在基本反馈控制系统的基础上增加了一个自适应机构，从原控制系统获取信号，在控制性能变化时能够自适应修改控制器参数使控制性能保持不变。间接自适应控制原理如图 3-5 所示，它通过在线辨识对象的参数，进而利用辨识后的参数通过参数校正器调整控制参数，以不断改善和提高控制性能。

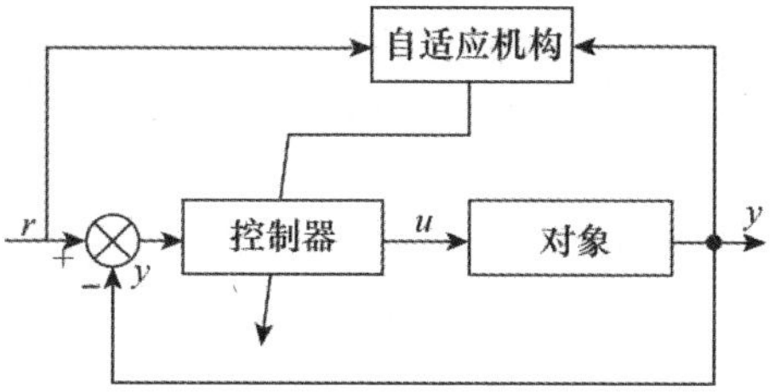

图 3-4 直接自适应控制的结构

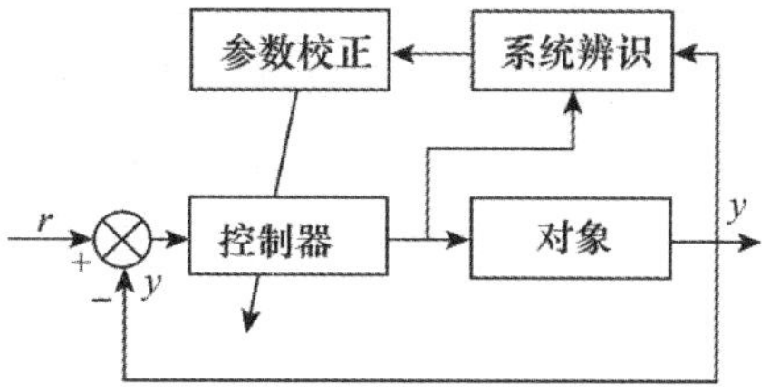

图 3-5 间接自适应控制的结构

直接自适应控制有模型参考自适应控制（MRAC），而间接自适应控制又称为自校正控制（STC）。

在传统自适应控制中引入模糊逻辑推理系统，或充当自适应机构，或充当对象模型，或充当控制器，或兼而有之，形成了不同形式的自适应模糊控制，又称为模糊自适应控制。

2. 自适应模糊控制器的结构

自适应模糊控制器是在基本模糊控制器的基础上，增加了自适应机构，其结构如图 3-6 所示，图中虚线框内的自适应机构包括三个功能块，它们分别是：

（1）性能测量——用于测量实际输出特性与期望特性的偏差，以便为控制规则的修正提供信息，即确定输出响应的校正量。

（2）控制量校正——将输出响应的校正量转换为对控制量的校正量。

（3）控制规则修正——通过修改控制规则来实现对控制量的校正。

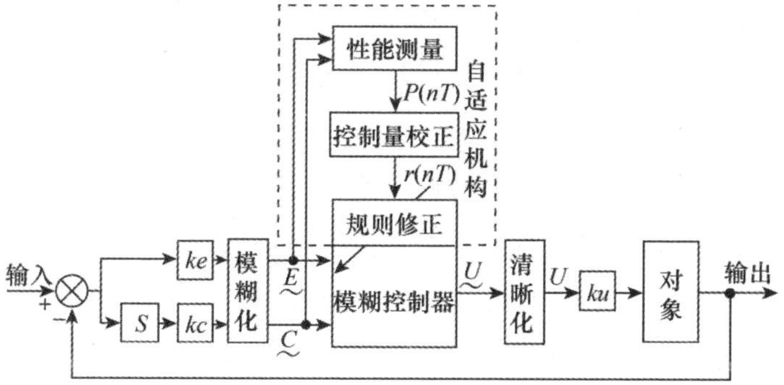

图 3-6 自适应模糊控制器的结构

3. 自适应模糊控制器的原理

自适应模糊控制器在控制被控对象的同时，还要了解被控对象的参数变化情况，因此，它实际上是将模糊系统辨识和模糊控制结合起来的一种控制方式。通过辨识才能更好地“了解”被控对象，以便使控制器能“跟上”对象和环境的变化。这样一来，控制器本身就具有了一定的适应变化的能力，或者说自适应模糊控制器具有了更高的智能。

自适应模糊控制器所增加的三个功能块都是通过软件来实现各自的功能的。自适应环节可以理解为在模糊控制器内部引进了一个“软反馈”，即由软件实现对控制器自身性能的反馈，通过这个反馈不断地调整和改善控制器的控制性能，以使被控过程的控制效果达到最佳的状态。

上述方法对于单输入单输出且对计算时间并不苛求的系统还是可行的。对于多输入多输出系统，由于关系矩阵太大，计算机难以存储及运算。

（二）模型参考自适应模糊控制的基本原理与设计方法

1. 模型参考自适应模糊控制的基本原理

模型参考自适应系统源于把人类行为的自适应以及因果推理（因果律）的概念移植到控制领域。因果推理模型是表现人自适应特性的推理过程的一般模式。因果律模型表征了原因与结果之间的定性联系，人们通过把模型与真实情况相比较，用自适应机构代替人去修改参数或控制策略以获得接近期望输出的过程，便形成了自适应模型跟踪控制系统。

模型参考自适应模糊控制系统的基本结构包括如下三个组成部分：

（1）参考模型——用于描述被控对象动态特性或表示一种理想的动态模型。

（2）被控子系统——被控对象、前馈控制器和反馈控制器。

（3）自适应机构——根据被控对象实际输出（y_P）和参考模型输出（y_m）之差（e）及其变化来对前馈控制器和反馈控制器的控制参数进行调整，使得 $e=y_m-y_p \to 0$。

2. 模糊参考自适应模糊控制的设计方法

模糊自适应机构的设计方法一般有以下两种形式：

（1）基于模糊关系模型设计模糊自适应机构。基于模糊关系模型的设计过程类似于模糊控制查询表的设计步骤。

（2）基于 T-S 模糊模型设计模糊自适应机构，该模型参考模糊自适应系统的一般结构，可表示为图 3-7 的形式，其中被控子系统是一个包含被控对象在内的闭环子系统，模糊自适应机构根据参考模型输出与被控子系统输出之差及其变化产生一个模糊自适应信号，控制被控子系统的输出趋于参考模型的输出器。

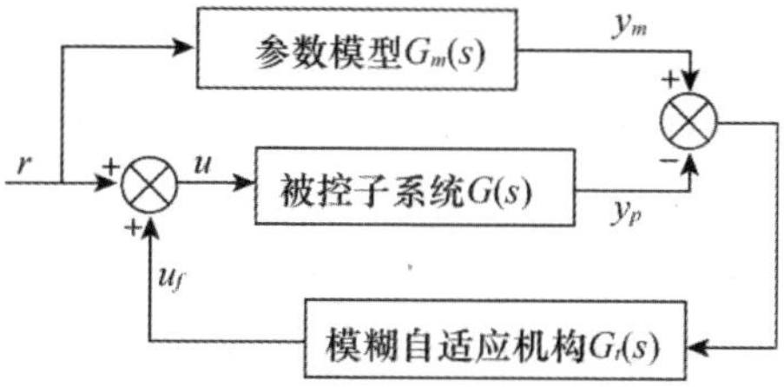

图 3-7 基于 T-S 模糊模型参考自适应模糊控制器的结构

第二节 基于神经网络的智能控制

一、神经网络的内涵

（一）神经网络的主要特点

大量的神经细胞通过突触连接成神经网络，而神经网络模型用于模拟人脑大量神经元的活动过程，其中包括对信息的加工、处理、存储和搜索等过程，它具有如下基本特点：

（1）具有分布式存储信息的特点。神经网络存储信息的方式与传统计算机的思维方式是不同的，一条信息不是存储在一个地方，而是分布在不同的位置。网络的某一部分也不只存储一条信息，它的信息是分布式存储的。这种分布式存储方式使局部网络受损时仍具有能够恢复原来信息的特点。

（2）对信息的处理及推理具有并行的特点。每个神经元都可根据接收到的信息做独立的运算和处理，然后将结果传输出去，这体现了一种并行处理特点。神经网络对于一个特定的输入模式，通过前向计算产生一个输出模式，各个输出结点代表的逻辑概念被同时计算出来。在输出模式中，通过输出结点的比较和本身信号的强弱而得到特定的解，同时排除其余的解，这体现了神经网络对信息并行推理的特点。

（3）对信息的处理具有自组织、自学习的特点。神经网络各神经元之间的连接强度用权值大小来表示，这种权值可以事先定出，也可以为适应周围环境而不断地变化，该过程体现了神经网络中神经元之间相互作用、相互协同、自组织的学习行为。神经网络所具有的自学习过程模拟了人的形象思维方法，这是与传统符号逻辑完全不同的一种非逻辑、非语言的方法。

（4）具有从输入到输出的非常强的非线性映射能力。因为神经网络具有自组织、自学习功能，所以通过学习能实现从输入到输出的任意的非线性映射，即它能以任意精度逼近任意复杂的连续函数。

（二）神经网络的结构与模型

神经网络连接方式的拓扑结构是以神经元为结点、以结点间有向连接为边的一种图，其结构大体上可分为层状和网状两大类。层状结构的神经网络是由若干层组成的，每层中有一定数量的神经元，相邻层中神经元单向连接，一般同层内的神经元不能连接；网状结构的神经网络中任何两个神经元之间都可能双向连接。下面分析几种常见的神经网络结构。

（1）前向神经网络。前向神经网络包含输入层、隐层（一层或多层）和输出层，这种网络特点是只有前后相邻两层之间的神经元相互连接，各神经元之间没有反馈。每个神经元可以从前一层接收多个输入，并只有一个输出给下一层的各神经元。

（2）反馈神经网络。反馈神经网络指从输出层到输入层有反馈，即每一个结点同时接收外来输入和来自其他结点的反馈输入，其中也包括神经元输出信号引回到本身输入构成的自环反馈。

（3）相互结合型神经网络。相互结合型神经网络属于网状结构，构成网络中各个神经元都可能相互双向连接，所有神经元既作输入也作输出。这种网络对信息处理与前向网络不一样，如果在某一时刻从神经网络外部施加一个输入，各个神经元一边相互作用，一边进行信息处理，直到使网络中所有神经元的活性度或输出值收敛于某个平均值为止信息处理才结束。

（4）混合型神经网络。在前向神经网络的同一层中神经元有互联的结构，称为混合型神经网络。这种在同一层内的互联是为了限制同层内神经元同时兴奋或抑制的神经元数目，以完成特定的功能。

（三）神经网络的训练与学习

人脑中的神经元通过许多树突的精细结构收集来自其他神经元的信息，并通过轴突发出电活性脉冲。轴突有上千条分支，在每条分支末端通过突触结构把来自轴突的电活性变为电作用，从而使与之相连的各种神经元的活性受到抑制或兴奋。当一个神经元收到兴奋输入，而兴奋输入又比神经元的抑制输入足够大时，神经元把电活性脉冲向下传到它的轴突，以改变轴突的有效性，从而使一个神经元对另一个神经元的影响改变，便产生了学习行为。因此，可以认为神经网络学习的本质特征在于神经细胞特殊的突触结构所具有的可塑性连接，而如何调整连接权重就构成了不同的学习算法。

（1）神经网络的训练。为了应用神经网络解决工程实际问题，必须对它进行训练。从应用环境中选出一些输入、输出样本数据，通过教师示教和监督来不断地调整神经元之间的连接强度，直到神经网络得到合适的输入输出关系为止，这个过程称为对神经网络的训练。这种有教师指导的训练过程会使神经网络学习到隐含表示问题的知识，故又称这种方式为神经网络有教师学习或监督学习。

（2）神经网络的学习。神经网络的学习通常指神经网络无教师监督学习。神经网络学习的目的是根据实际输出数据和期望输出之间的误差，通过某种学习算法自动地、反复地去调整权值直到消除误差或小于允许误差为止。要使人工神经网络具有学习能力，需要使神经网络的知识结构发生变化，也就是使神经元间的结合模式发生变化，这同把连接权重用什么方法变化是等价的。因此，神经网络可以通过一定的学习算法实现对突触结合强度的调整，使其具有记忆、识别、分类、优化等信息处理功能。

（3）神经网络的泛化能力。神经网络通过样本数据集的训练后，当输入出现了样本数据集以外的新数据时，神经网络仍能通过学习获得新的输出，并能严格保持神经网络训练后所获得的输入输出映射关系的能力，称为神经网络的泛化能力。神经网络的结构、训练样本的数量和质量、不同的学习算法及其参数等都会影响神经网络的泛化能力。

（4）神经网络的生长与修剪。通过改变神经网络的结构和参数，从而改变网络的规模大小，使之更适合于某个问题的求解，这样的过程称为神经网络的生长与修剪。例如，对于前向神经网络的生长算法，可以从单隐层的小网络开始，通过增加一个隐层重新训练，一直持续到再增加一个单元网络的性能不再改变为止。神经网络的修剪方法是从相对大的网络开始，然后逐渐剪去不必要的单元，直到获得满意的网络性能为止。

二、基于神经网络智能控制的类型与控制方式

（一）基于神经网络智能控制的类型

在控制系统中，应用神经网络的非线性映射能力可对难以精确描述的复杂非线性对象进行建模，或充当控制器，或优化计算，或进行推理，或故障诊断，或同时兼有上述某些功能的适应组合等。

本书中的基于神经网络的智能控制指只由神经网络单独进行控制或由神经网络同其他智能控制方式相融合的控制的统称，属于这类控制的主要有以下形式：

（1）神经网络直接反馈控制。这是只使用神经网络直接实现智能控制的一种方式。在这种控制方式中，神经网络直接作为控制器，利用反馈等算法实现自学习控制。

（2）神经网络专家系统控制。专家系统善于表达知识和逻辑推理，神经网络长于非线性映射和直觉推理，将二者相结合发挥各自的优势就会获得更好的控制效果。

（3）神经网络模糊逻辑控制。模糊系统善于直接表示逻辑，适于直接表示知识，神经网络长于学习通过数据隐含表达知识。前者适于自上而下的表达，后者适于自下而上的学习过程，二者存在一定的互补性、关联性。因此，它们的融合可以取长补短，可以更好地提高控制系统的智能性。神经网络和模糊逻辑相结合有三种方式，即第一，用神经网络驱动模糊推理的模糊控制。这种方法是利用神经网络直接设计多元的隶属函数，把神经网络作为隶属函数生成器组合在模糊控制系统中。第二，用神经网络记忆模糊规则的控制。通过一组神经元不同程度的兴奋表达一个抽象的概念值，由此将抽象的经验规则转化成多层神经网络的输入输出样本，通过神经网络如 BP 网络记忆这些样本，控制器以联想记忆方式使用这些经验进行控制，这在一定意义上模拟了人的联想记忆思维方式。第三，用神经网络优化模糊控制器的参数。在模糊控制系统中对控制性能产生影响的因素除上述的隶属函数、模糊规则外，还有控制参数，如误差、误差变化的量化因子及输出的比例因子，利用神经网络的优化计算功能可优化这些参数，从而改善模糊控制系统的性能。

（4）神经网络滑模控制。模糊变结构控制可以视为模糊控制的特例，因此它属于智能控制的范畴。将神经网络和滑模控制相结合就构成了神经网络滑模控制。这种方法将系统的控制或状态分类，根据系统和环境的变化进行切换和选择，利用神经网络具有的学习能力，在不确定的环境下通过自学习来改进滑模开关曲线，进而改善滑模控制的效果。

（二）基于神经网络智能控制的控制方式

将神经网络作为传统控制系统中的一个环节或多个环节，用以充当辨识器、控制器、估计器或优化计算等。这种方式很多，常见的一些方式归纳如下：

（1）神经逆动态控制。设系统的状态观测值为 $x(t)$，它与控制信号 $u(t)$ 的关系为 $x(t)=F[u(t), x(t-1)]$，F 可能是未知的。假设 F 是可逆的，即可根据 $x(t)$，$x(t-1)$ 求出。通过训练神经网络的动态响应为 $u(t)=H[x(t), x(t-1)]$，H 即 F 的逆动态。

（2）神经 PID 控制。将神经元或神经网络和常规 PID 控制相结合，根据被控对象的动态特性变化情况，利用神经元或神经网络的学习算法，在控制过程中对 HD 控制参数进行实时优化调整，达到在线优化 PID 控制性能的目的。上述这样的复合控制形式统称为神经元 PID 控制或神经 HD 控制。

（3）模型参考神经自适应控制。在传统模型参考自适应控制系统中，利用神经网络充当对象模型，或充当控制器，或充当自适应机构，或优化控制参数，或兼而有之，这样的系统统称为模型参考神经自适应控制。

（4）神经自校正控制。这种控制结构的一种形式如同前面介绍的双神经网络间接学习控制结构。对于单神经网络的控制结构形式如图 3-8 所示，评价函数一般取为 $e=y_d-y$，或采用下述形式：

$$e(t)=M_y[y_d(t)-y(t)]+M_u u(t) \tag{3-5}$$

其中，M_y 和 M_u 为适当维数的矩阵。该方法的有效性在水下机器人姿态控制中得到了证实。此外，神经网络和传统控制的结合形式还有神经内膜控制、神经预测控制、神经最优决策控制等形式，此处不再详述。

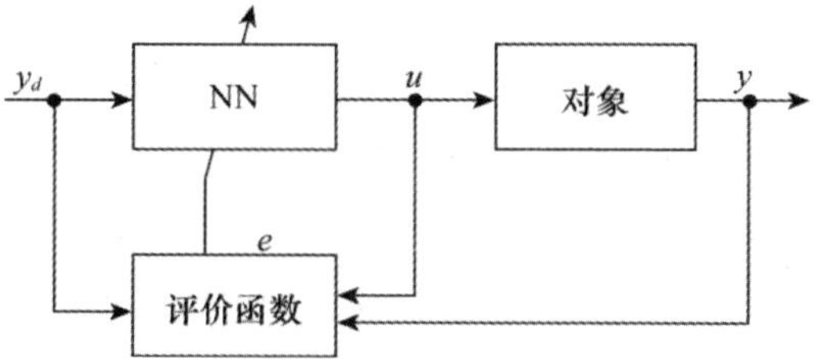

图 3-8 神经自校正控制的一种结构形式

第三节 专家控制与仿人智能控制

一、专家控制

（一）专家系统的基本概念

1. 专家与专家系统

专家是指在某一领域具有高深理论知识或丰富实践经验的人，主要是指领域专家。专家头脑中的理论知识易于形式化，而经验往往难于形式化。疑难问题往往具有模糊性，难以用精确的数学模型加以描述，即难以形式化。专家正是凭借头脑中的经验在处理带有模糊性或不完全数据的疑难问题时，能对各种问题的认识约定一种规则，进行合理的猜想、预测和决策。

专家解决疑难问题的决策行为之所以能获得显著的效果，是因为他们头脑中积累了宝贵的理论知识和实践经验。我们可以通过把人类专家的某个专门领域的知识和经验储存到计算机中去，并依靠推理程序，让计算机做出接近专家水平的工作。

专家系统是应用人工智能技术，根据一个或多个人类专家提供的特殊领域知识、经验进行推理和判断，用计算机模拟人类专家做决策的过程来解决那些需要专家才能解决的复杂问题。专家系统是具有大量专门知识与经验的计算机程序系统，它能以接近专家的水平完成专门的且一般又很困难的专业任务。

专家系统本身具有的优良特性：第一，专家系统具有启发性、透明性和灵活性；第二，专家系统的工作不受时间、空间和环境的影响；第三，专家系统能够高效率、准确无误、周密全面、迅速而不疲倦地进行工作。

2. 专家系统的基本结构

专家系统通常由五个部分组成：知识库、数据库、推理机、解释及知识获取，以下分别探讨每个组成部分的功能。

（1）知识库。知识库既包括用适当的方式储存从专家那里获取的领域知识、经验，又包括必要的书本知识和常识，它是领域知识的存储器。

（2）数据库。数据库是在专家系统中划出一部分储存单元，用于存放当前处理对象、用户提供的数据和推理得到的中间结果，这部分内容是随时变化的。

（3）推理机。推理机用于控制和协调整个专家系统的工作，它根据当前的输入数据，利用知识库的知识，按一定推理策略去处理解决当前的问题。推理策略有正向推理、反向推理和正反向混合推理三种方式。

（4）解释。解释也是一组计算机程序，为用户解释推理结果，以便用户了解推理过程，并回答用户提出的问题，为用户学习和维护系统提供方便。

（5）知识获取。知识获取是通过设计一组程序，为修改知识库中原有的知识和扩充新知识提供手段，包括删除原有知识、将向专家获取的新知识加入知识库。知识获取被称为专家系统的“瓶颈”。

（二）专家控制系统的主要特点与结构

1. 专家控制系统的主要特点

工业生产过程对专家控制系统提出了有别于一般专家系统的以下特殊要求：

（1）高可靠性及长期运行的连续性。工业过程控制往往数十甚至数百小时连续运行，而不允许间断工作。因此，工业过程的专家控制系统对长期运行的连续性及高可靠性的要求比其他领域显得更为突出。

（2）在线控制的实时性。工业过程的实时控制要求控制系统在控制过程中能实时地采集数据、处理数据、进行推理和决策，以便对过程进行及时的控制。

（3）优良的控制性能及抗干扰性。工业过程的被控对象多具有非线性、时变性、强干扰等特性，要求专家控制系统具有很强的自适应和自学习能力，以保证在复杂多变的各种不确定性因素存在强干扰的不利环境下，获得优良的控制性能。

（4）使用的灵活性及维护的方便性。用户根据生产过程的工况变化能够灵活方便地设置参数、修改规则等。在系统出现异常或故障情况时，系统本身应能采取相应措施或引入必要的人工参与。

2. 专家控制系统的组成结构

因为工业过程控制对专家控制系统提出了可靠性、实时性及灵活性等特殊要求，所以专家控制系统中知识表示通常采用产生式规则，于是知识库就变为规则库。

专家控制系统控制过程对象时，领域专家的知识多用产生式规则表示。一般来说，专家控制系统由以下几部分组成：

（1）数据库。数据库主要存储事实、证据、假设和目标等。对过程控制而言，事实包括传感器测量误差、操作阈值、报警水平阈值、操作时序约束、对象成分配置等静态数据；证据包括传感器及仪表的动态测试数据等；假设包括用来丰富现有事实和集合等；目标包括静态目标和动态目标，静态目标是一个大的性能目标阵列，动态目标包括在线建立的来自外界命令或程序本身的目标。

（2）规则库。专家控制系统中的规则库相当于一般专家系统中的知识库。规则库包含许多产生式规则，这种规则具有如下形式："如果（条件），那么（结果）"，其中"条件"表示来源于数据库的事实、证据、假设和目标，"结果"表示控制器的作用或一个估计算法。规则也可看作运行状态的函数，因为数据库中定义的状态要比通常控制理论中的状态概念更加广义。这些产生式规则包括操作者的经验和可应用于控制与估计的算法，这些算法的适当特性以及应用时系统监控和诊断等规则。

（3）推理机。推理机根据不同的策略从当前数据库的内容中确定出下一条产生式规则。

（4）人－机接口。产生式专家控制系统的人－机接口包括两部分：一部分包含更新知识库的规则编辑和修改；另一部分是运行时用户接口，它包含一些解释工具，用以帮助用户询问等，用户接口还可以跟踪规则的执行。

（5）规划环节。在控制过程中出现在线错误时，规划环节给出指令改变产生目标等，产生一些不干涉动作的调整作用，以保证控制系统能够随着所需要的操作条件去在线改变控制过程。控制规划的执行可看作在一个大的网络中，寻找到达当前已建立的目标的路径。

（三）专家控制器的组成结构与设计

建造专家控制系统不仅设计复杂、调试周期长，而且需要投入大量的人力、物力、财力。因此，对于某些被控对象，考虑到对其控制性能指标、可靠性、实时性及对性能与价格比的要求，可以将专家控制系统简化。例如，可以不设人－机自然语言对话；考虑到专用性，可将知识库规模减小；规则库可被压缩，于是，推理机就会变得相当简单。这样的专家控制系统实际上变为一个专家控制器。

1. 专家控制器的组成结构

专家控制器通常由知识库、控制规则集、推理机构及信息获取与处理四个部分组成。

（1）知识库。知识库由事实集和经验数据库、经验公式等构成。事实集主要包括被控对象的有关知识，如结构、类型及特征等，还包括控制规则的自适应及参数自调整等方面的规则。经验数据库中的经验数据包括被控对象的参数变化范围，控制参数的调整范围及其限幅值，传感器的静态、动态特性、参数及阈值，控制系统的性能指标以及由专家给出或由实验总结出的经验公式等。

（2）控制规则集。控制规则集是指专家为了便于处理各种定性的、模糊的、定量的、精确的信息，根据被控对象的特点及操作、控制经验，采用产生式规则或模糊关系及解析形式等多种方法来描述被控对象的特征，总结出的若干条行之有效的控制规则，它集中地反映了专家及熟练的操作者在该领域控制过程中的专门知识及经验。

（3）推理机构。由于专家控制器的知识库及其控制规则集的规模远小于专家控制系统，因此它的推理机构的搜索空间变得十分有限，这样导致推理机制变得简单。专家控制器一般采用前向推理机制，对于控制规则由前向后逐条匹配，直至搜索到目标。

（4）信息获取与处理。专家控制器的信息获取主要通过闭环控制系统的反馈信息及系统的输入信息，对于这些信息的处理可以获得控制系统的误差及误差变化量等对控制有用的信息。此外，信息的处理包括必要的滤波措施等。

由上述四部分构成专家控制器的一种结构。专家控制器的知识库、控制规则库规模小，推理机构简单。因此，专家控制器可以采用单片机、可编程控制器（PLC）等来实现。

2. 专家控制器的设计

根据工业过程控制的特点，采用产生式规则描述被控过程的因果关系，可通过解析描述带有调整因子的模糊控制规则来建立控制规则集。

设定专家控制器的输入集 E 及输出集 U 分别为

$$\begin{aligned} E &= \{-e_n,\ -e_{n-1},\ \cdots,\ -e_1,\ 0,\ e_1,\ e_2,\ \cdots,\ e_n\} \\ U &= \{-u_n,\ -u_{n-1},\ \cdots,\ -u_1,\ 0,\ u_1,\ u_2,\ \cdots,\ u_n\} \end{aligned} \tag{3-6}$$

其中，n 为正整数，其值大小由知识库中的经验规则确定，一般取大于或等于 6。

设 f 为输入集 E 到输出集 U 的一个映射，为使推理机构能实时地在控制空间中搜索到目标，既能保证最大限度地发挥控制作用，又能避免搜索不到目标而导致“失控”，因此建立控制规则必须满足 f 是 E 到 U 的满射，即

$$f(E) = U \tag{3-7}$$

控制规则集是在知识集的基础上概括、总结、归纳而成的，它体现了专家的专门知识和经验，集中反映了人在操作过程中的智能控制决策行为。设计控制规则集包括以下六条规则：

（1）若 $E>E_{PB}$ THEN $U=U_{NB}$；

（2）若 $E<E_{NB}$ THEN $U=U_{PB}$；

（3）若 $C>C_{PB}$ THEN $U=U_{NB}$；

（4）若 $C<C_{NB}$ THEN $U=U_{PB}$；

（5）若 $E \cdot C<0$ 或 $E=0$，则 $U=\mathrm{INT}[\alpha E+(1-\alpha)C]$

（6）若 $E \cdot C>0$ 或 $C=0$ 且 $E \neq 0$，则 $U=\mathrm{INT}[\beta E+(1-\beta)C+\gamma\sum_{i=1}^{k}E_i]$。

其中，E，C 及 U 分别为误差、误差变化及控制量的模糊变量，且 C 的量化等级选择与 E，U 完全相同；E_{PB}，C_{PB} 及 U_{PB} 分别为 E，C 及 U 的正向最大值，而 E_{NB}，C_{NB} 及 U_{NB} 分别为 E，C 及 U 的负向最大值；α，β 及 γ 为待调整因子，由知识集中的经验规则确定；$\sum_{i=1}^{k}E_i$ 为对误差的智能积分项，用以改善控制系统的稳态性能；符号 $\mathrm{INT}[a]$ 表示取最接近于 a 的一个整数。

考虑到专家控制器的控制决策完全依赖于输入数据的特点，本控制器采用以数据驱动的正向推理方法，逐次判别各规则的条件，若满足条件执行该

规则，否则继续搜索。由于对每一个控制输入变量 £ 及 C 的数值都有对应的控制规则，因此能搜索到目标。

仿真及实际应用表明，上述专家控制器不仅具有动态响应快、超调小、稳态精度高等特点，而且控制算法编程简单、控制规则修改灵活、实时性好，同时对被控对象的参数变化具有较强的鲁棒性。

二、仿人智能控制

（一）仿人智能控制的基本思想

智能控制从根本上说是仿效人的智能行为进行控制和决策。有学者经过实验发现，得到必要的操作训练后，由人工实现的控制方法是接近最优的，这个方法不需要了解对象的结构参数，也不需要最优控制专家的指导。所有这些都清楚地表明，人的控制活动反映了人脑高超的思维、决策和控制能力。

以下通过对二阶系统阶跃响应特性的分析，可以看出实现仿人智能控制的基本思想。

如图 3-9 所示为典型的二阶系统的单位阶跃响应曲线，为了便于分析阶跃响应曲线的动态过程，将图 3-9 中的响应曲线划分为以下几个不同阶段：

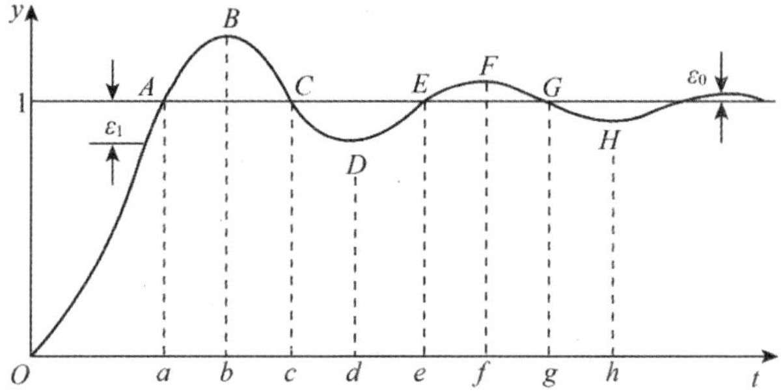

图 3-9 二阶系统的单位阶跃响应曲线

（1）*OA* 段。该阶段是系统在控制信号作用下，由静态到动态再向稳态转变的关键阶段。人们期望输出能“快、稳、准”地达到给定值，但由于系统具有惯性，决定了这一段曲线只能呈倾斜方向上升。若采用固定比例控制，当输出达到稳态值时，由于对象本身惯性所致，系统输出不会保持稳态值而势必超调。因此，为使 *OA* 段上升既快又稳，又不至于超调过大，在 *OA* 段应采取变增益控制，即初始段采用大增益，上升到某一阶段减小增益，使系统借助于惯性继续上升。这样既有利于稳定、减小超调，又不至于影响上升时间。

（2）*AB* 段。该阶段系统输出值已超过了稳态值，向误差增大的方向变化，到 *B* 点时误差达到了最大值（负）。在 *AB* 段，控制作用应该尽力压低超调，除了采用比例控制外，应加积分控制作用，以便通过误差积分而增强控制作用，使系统输出尽快回到稳态值。

（3）*BC* 段。在这一阶段误差开始减小，系统在控制作用下已呈现向稳态变化的趋势。这时如再继续施加积分控制作用压低超调，势必造成控制作用太强而出现系统回调，因此应不再加积分控制作用。

（4）*CD* 段。该阶段系统输出减小，误差向相反方向变化，并在 *D* 点达到最大值（正）。此种情况应采用比例加积分控制。

（5）*DE* 段。该阶段系统出现误差逐渐减小的趋势，控制作用不宜太强，否则会出现再次超调，显然这时不应施加积分控制作用。后面各段情况雷同，不再赘述。

由上述响应特性的分析可以看出，控制系统的动态过程是不断变化的，为了获得良好的控制性能，控制器必须根据控制系统的动态特征不断地改变或调整控制决策，以便使控制器本身的控制规律适应于控制系统的需要。控制决策经验丰富的操作者并不是依据数学模型进行控制的，而是根据操作经验以及对系统动态特征信息的识别进行直觉推理、在线确定和变换控制策略，从而获得良好的控制效果。

仿人智能控制的基本思想是在控制过程中利用计算机模拟人的控制行为，最大限度地识别和利用控制系统动态过程所提供的特征信息，进行启发式判断和直觉推理，从而实现对缺乏精确模型的对象进行有效的控制。

（二）仿人智能控制系统动态行为的特征变量

为了应用计算机实现仿人智能控制，必须使该系统能够通过一些特征变量来自动识别控制系统的动态行为，以便模仿人的智能控制决策行为。在模糊控制中，通常选用误差（e）和误差变化（Δe）作为模糊控制器的输入变量，通常模糊控制器的输出（u）可以表示为

$$u = f(e,\ \Delta e) \tag{3-8}$$

如果只根据误差的大小进行控制，对于一些复杂系统很难收到满意的控制效果。例如，当被控系统处于误差较大，且向减小误差方向快速变化时，如果只根据误差较大而不考虑误差迅速变化的因素，必然要加大控制量，使系统尽快消除大的误差，这样的控制势必导致调节过头而又出现反向误差的不良后果。当采用两个输入变量 e 和 Δe 进行控制时，就可以避免上述的盲目性。因此，人工控制的复杂系统在控制过程中人对被控系统的状态、动态

特征及行为了解得越多，控制的效果就会越好。

如何根据输入输出的信息来识别被控系统所处的状态、动态特征及行为，是仿人智能控制要解决的首要问题。因此，从误差（e）和误差变化（Δe）这两个基本变量出发，设计特征变量来识别动态过程的特征模式。

1. 特征变量 $e\cdot\Delta e$

误差(e)同误差变化(Δe)之积构成了一个描述系统动态过程的特征变量，利用该特征变量的取值是否大于零，可以描述系统动态过程中误差变化的趋势。

令 e_n 和 e_{n-1} 分别表示当前和前一个采样时刻的误差值，则有 $\Delta e_n=e_n-e_{n-1}$。对于如图 3-10 所示的动态系统响应曲线的不同阶段，特征变量 $e_n\cdot\Delta e_n$ 的取值符号见表 3-2[①]。

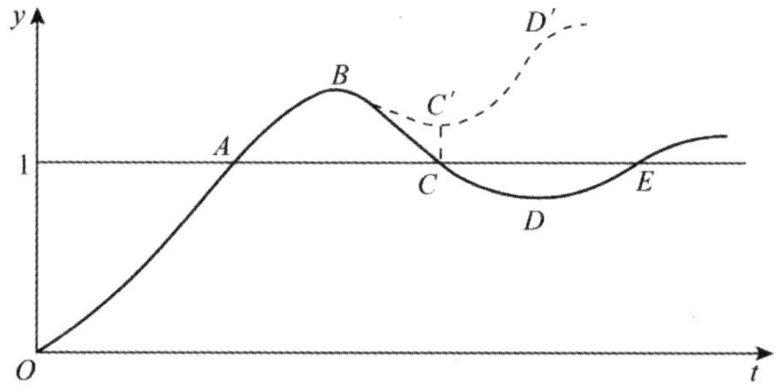

图 3-10 动态过程曲线

表 3-2 特征变量的取值符号

	OA 段	*AB* 段	*BC* 段	*CD* 段	*DE* 段
e_n	>0	<0	<0	>0	>0
Δe_n	<0	<0	>0	>0	<0
$e_n\cdot\Delta e_n$	<0	>0	<0	>0	<0

当 $e_n\cdot\Delta e_n>0$ 时，如图 3-10 中 *AB* 段和 *CD* 段，表明系统的动态过程向着误差增大的方向变化，即误差的绝对值逐渐增大。

当 $e_n\cdot\Delta e_n<0$ 时，如图 3-10 中 *BC* 段和 *DE* 段，表明系统的动态过程向着误差减小的方向变化，即误差的绝对值逐渐减小。

在控制过程中，计算机很容易识别 $e_n\cdot\Delta e_n$ 的取值符号，从而掌握系统动态过程的行为特征，以便更好地制定下一步控制策略。

① 表格引自：李士勇，李研．智能控制 [M]. 北京：清华大学出版社，2016.

2. 特征变量 $|\Delta e/e|$

将误差变化（Δe）与误差（e）之比的绝对值大小定义为描述系统动态过程中误差变化趋势的特征变量。将 $|\Delta e/e|$ 与 $e_n \cdot \Delta e_n$ 联合使用，可对动态过程特征做进一步地划分，便于捕捉到动态过程的不同模式。例如，图 3-10 中可将曲线 AB 段细分为如下三种情况：

（1）AB 段靠近 A 点附近：$e_n \cdot \Delta e_n>0$ 且 $|\Delta e/e|>\alpha$ 表示动态过程呈现误差小而误差变化大的模式。

（2）AB 段靠近中间部分：$e_n \cdot \Delta e_n>0$ 且 $\beta<|\Delta e/e|<\alpha$ 表示动态过程呈现误差和误差变化的大小都处在中等状态。

（3）AB 段靠近 B 点附近：$e \cdot \Delta e>0$ 且 $|\Delta e/e|<\beta$ 表示动态过程呈现误差大而误差变化小的模式。

上述 α 与 β 均为根据控制的需要而设定的常数，且 $\alpha>\beta$。同样，对图 3-10 中曲线的 BC 段、CD 段、DE 段读者可做类似的分析。

3. 特征变量 $\Delta e_n \cdot \Delta e_{n-1}$

将相邻两次误差变化之积定义为表征误差出现极值状态的特征变量。若 $\Delta e_n \cdot \Delta e_{n-1}<0$ 时，则表示出现极值；若 $\Delta e_n \cdot \Delta e_{n-1}>0$ 时，则表示无极值出现。

把特征变量 $\Delta e_n \cdot \Delta e_{n-1}$ 与 $e_n \cdot \Delta e_{n-1}$ 联合使用，可以判别动态过程中误差出现极值后的变化趋势，如图 3-10 中在 B 点和 C' 点处均出现极值，但它们的 $e_n \cdot \Delta e_n$ 取值符号却相反，即

B 点：$\Delta e_n \cdot \Delta e_{n-1}<0$，$e_n \cdot \Delta e_n$ 在 B 点后误差趋于减小。

C' 点：$\Delta e_n \cdot \Delta e_{n-1}<0$，$e_n \cdot \Delta e_n>0$，在 C' 点后误差逐渐变大。

4. 特征变量 $|\Delta e_n \cdot \Delta e_{n-1}|$

将当前时刻误差变化与前一时刻误差变化之比的绝对值大小定义为描述系统误差局部变化趋势的特征变量，它也间接表示出前期控制效果，若该比值大，则表明前期控制效果不显著；若该比值小，则表明前期控制效果显著。

5. 特征变量 $\Delta(\Delta e)$

将误差变化的变化率（二次差分）的符号（正、负）定义为描述动态过程处于超调或回调的一个特征量。例如，对于图 3-10 所示曲线，有如下两种情况：

（1）ABC 段：$\Delta(\Delta e)>0$，处于超调阶段。

（2）CDE 段：$\Delta(\Delta e)<0$，处于回调阶段。

上述设计的特征变量的本质特征在于它们不是一个绝对量，而是一个符

号变量，或者是一个相对量。符号变量用以表征动态过程变化趋势的方向，相对量用以表征动态过程变化的快慢程度。上述符号变量及表征动态过程变化程度的特征变量（相对量）统称为定性变量。

为了应用计算机来实现仿人智能控制，需要设法把人的操作经验、定性知识及直觉推理教给计算机，让它通过灵活机动的判断、推理及控制算法来应用这些知识，进行仿人智能控制。计算机在线获取信息的主要来源是系统的输入和输出，从而可以计算出误差（e）及误差变化（Δe），通过 e 及 Δe 可以进一步求出表征系统动态特性的特征量。计算机借助于上述特征量可以捕捉到动态过程的特征信息、识别系统的动态行为，以此作为控制决策的依据。根据系统的动态特征及动态行为，从多种控制模式中选取最有效的控制形式，对被控对象进行精确的控制。计算机在控制过程中能够使用定性知识和直觉推理，这一点是和传统的控制理论不同的，也正是在这一点上体现出仿人智能，这种方式很好地解决了控制过程中快速性、稳定性和准确性的矛盾。

（三）仿人智能控制原理

仿人智能控制器的组成类似于一个专家控制器的基本结构，由以下四个部分组成。

（1）特征信息获取与处理。根据输入、输出的采样数据计算出当前时刻的误差及误差变化等，进而求出识别被控动态过程模式所必需的特征变量。

（2）特征模式集。特征模式集存储某些特征模式类，其中还包括必要的参量、阈值、经验数据以及控制参数等，它类似于专家控制器中的知识库。

（3）模式识别。模式识别起到推理机构的作用，根据获得的当前时刻的特征变量去搜索与提供的约束条件相匹配的特征模式类，为控制决策提供前提条件。

（4）控制规则集。控制规则集实际上是一个基于规则的控制器，控制决策的过程是实现从特征模式集到控制规则集的一个映射。一般来说，特征模式的数量大于或等于控制规则的数量。

仿人智能控制器的工作过程可以概括为三个步骤：一是系统根据计算出的特征变量判断动态过程的特征模式；二是推理机构根据该特征模式类去寻找与之相匹配的控制规则；三是控制器执行上述控制规则对被控对象加以控制。根据上述步骤便完成了一步仿人智能控制算法，如此循环一步一步控制下去，直到被控系统的误差达到期望的指标。

（四）仿人智能控制的模式

仿人智能控制器可以在线识别被控系统动态过程的各种特征，它不仅能够识别当前系统的输出误差以及误差变化的趋势，还可以识别系统当前所处的状态及其动态行为，以及记忆前期控制效果并识别前期控制决策的有效性。总之，仿人智能控制器在同样条件下所获取的关于动态过程的各种信息（包括定量的、定性的）比传统的控制方式所获取的信息丰富得多。因此，仿人智能控制器才能根据被控动态过程的特征模式不失时机地做出相应的控制决策。

对于仿人智能控制来说，为了获得好的控制效果，关键还在于合理地确定控制模式，实时地选择大小和方向、适当的控制量以及合理的采样周期和控制周期。

从不同的角度模仿人的控制决策过程，就形成了多种仿人智能控制模式，如仿人智能开关控制、仿人比例控制、仿人智能积分控制、仿人智能采样控制、仿人极值采样控制等。此外，在仿人智能控制中还采用变增益比例控制、比例微分控制以及开环和闭环相结合的控制方式。这里所说的开环是指一种保持控制方式，即控制器当前的输出保持前一时刻的输出值，此时控制器的输出量与当前动态过程无关，相当于系统开环运行。

下面探讨仿人智能积分控制模式、仿人智能采样控制模式的有关内容。

1. 仿人智能积分控制模式

（1）仿人智能积分控制模式的原理。

在控制系统中引进积分控制作用是减小系统稳态误差的重要途径。常规 PID 控制中的积分控制作用对误差的积分过程如图 3-11c 所示，这种积分作用在一定程度上模拟了人的记忆特性，它“记忆”了误差的存在及其变化的全部信息。依据这种积分形式的积分控制作用有如下缺点有一是积分控制作用针对性不强，甚至有时不符合控制系统的客观需要；二是由于这种积分作用只要误差存在就一直进行积分，在实际应用中易导致“积分饱和”，会使系统产生快速性下降；三是这种积分控制的积分参数不易选择，而选择不当会导致系统出现振荡。

造成上述积分控制作用不佳的原因在于这种积分控制作用没有很好地体现出有经验的操作人员的智能控制决策思想。在图 3-11c 的积分曲线区间（a，b）中，积分作用和有经验的操作人员的控制作用相反。此时系统出现了超调。正确的控制策略应该是使控制量在常值上加一个负的控制量，以压低超调，尽快降低误差。但此区间的积分控制作用却增加了一个正的控制量，这是由于在（0，α）区间的积分结果很难被抵消而改变符号，故积分控制量仍保持为正。这样的结果导致系统超调且不能迅速降低，从而延长了系统的过渡过程时间。

在上述积分曲线的（b，c）段，系统误差由最大值向减小值的方向变化，并有趋向稳态的变化趋势，此时应加一定的比例控制作用，但不应加积分控制作用，否则易造成系统回调。

为了克服上述积分控制作用的缺点，采用如图 3-11d 中的积分曲线，即在（a，b）、（c，d）及（e，f）等区间上进行积分，这种积分能够为积分控制作用及时地提供正确的附加控制量，能有效地抑制系统误差的增加；而在（0，a）、（b，c）及（d，e）等区间上，停止积分作用，以利于系统借助于惯性向稳态过渡。此时系统并不处于失控状态，它还受到比例控制作用等的制约。这种积分作用较好地模拟了人的记忆特性及仿人智能控制的策略，它有选择地"记忆"有用信息，而"遗忘"无用信息，所以可以很好地克服一般积分控制的缺点。它具有仿人智能的非线性积分特性，人们称这种积分为仿人智能积分。

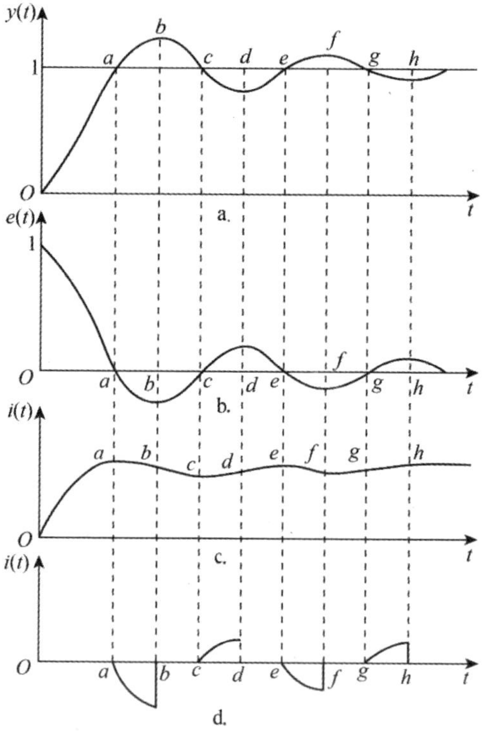

图 3-11 误差及其误差积分曲线图

（2）仿人智能积分控制算法。

为了把智能积分作用引进控制算法中，首先必须解决引入智能积分的逻辑判断问题，这种条件由图 3-11 中智能积分曲线对照图 3-12 及表 3-2，可以得出如下判断条件；

当本次采样时刻的误差（e_n）及误差变化（Δe_n）具有相同符号，即 $e_n \cdot \Delta e_n>0$ 时，对误差进行积分；相反，误差（e_n）及误差变化（Δe_n）具有不同符号，即 $e_n \cdot \Delta e_n<0$ 时，对误差不进行积分，这就是引入智能积分的基本条件。再考虑到误差和误差变化的极值点，即边界条件，可以把引入智能积分和不引入智能积分的条件综合如下：当 $e \cdot \Delta e>0$ 或 $\Delta e=0$ 且 $e \neq 0$ 时，对误差积分，即引入智能积分；当 $e \cdot \Delta e<0$ 或 $e=0$ 时，不对误差积分，即不引入积分作用。

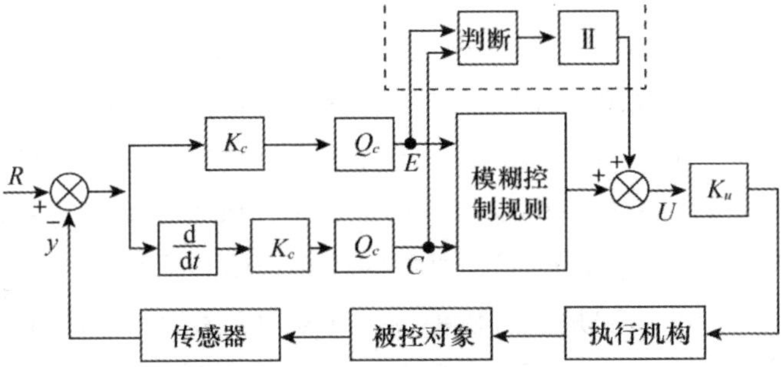

图 3-12 仿人智能控制器的结构

经数字仿真结果表明，仿人智能积分控制算法由于引进了智能积分控制，显著地提高了模糊控制系统的稳态精度。同一般的模糊控制器相比，仿人智能积分控制算法具有稳态精度高等优点；同常规 PID 控制相比，这种控制算法又具有响应速度快、超调小或无超调等优点。因此，这是一种能实现智能控制的、结构简单且控制性能又好的控制算法。

2. 仿人智能采样控制模式

多数生产过程的计算机控制系统都属于连续离散型混合系统。在这样的系统中，时间连续信号的检测、计算机控制量的输出以及考虑信号的重现问题都需要正确选择离散时间的采样周期。而在控制过程中，主要考虑尽可能有助于提高控制质量。

（1）采样周期对数字控制的影响。

采样周期越小越有利于重现信号，但采样周期太小会导致信噪比低、量化噪声大、易受干扰，从而影响控制性能。在过程控制中，控制周期选择的下限受到控制算法运算时间的限制。因此，采样周期和控制周期并非都是越小越好。

对于数字控制器的模拟化设计方法而言，采样周期越小，数字控制器的特性越接近模拟控制器的特性。而对于数字控制器的离散化设计方法，多数是以被离散化的对象模型为设计依据。对象的离散化模型依赖于采样周期的选择，于是采样周期不仅影响到模型的零、极点的位置分布，而且还影响到模型的精度。过长的采样周期甚至会导致有用的高频信息受到损失，从而使模型降阶。

（2）滞后过程的仿人智能采样控制。

大量的被控过程都具有不同程度的时间滞后性，给过程控制带来了困难。滞后时间（t）与容量滞后时间常数（T）之比反映了控制的难度，t/T 值增加的同时，控制难度相应地增大。当 t 接近或者超过 T 时，采用普通的 PID 控制效果很差，必须采用史密斯预估控制。但是，史密斯预估控制需要精确的被控过程模型，而复杂的被控过程往往很难建立精确的数学模型，因此，对史密斯预估控制已做了不少改进，出现了一些克服滞后的控制算法。尽管如此，应该说大滞后过程控制问题至今仍是控制领域备受关注的课题。

众所周知，具有纯滞后时间的对象的控制作用必须经过时间 t 才能体现，因此，在时间 t 内的控制是没有价值的，于是就产生了如图 3-13 所示的采样控制原理。采样周期 T_s 略大于 t，控制时间（接通时间）Δt 约取为 $1/10T_s$，这样选择会带来两点不足，即第一，干扰与采样发生严重的不同步。由于被控过程纯滞后时间一般较大，T_s 也就选得较大，而控制时间又很小，这样在每个采样周期的 $T_s \sim \Delta t$ 时间内，系统处于开环状态，无法获取一些急需的有用信息，如定值干扰引起输出 $y(t)$ 的变化或给定输入要求 $y(t)$ 尽快跟踪等信息。第二，获得的反馈信息太少且无针对性，使得控制处于盲目状态，导致过渡时间长。

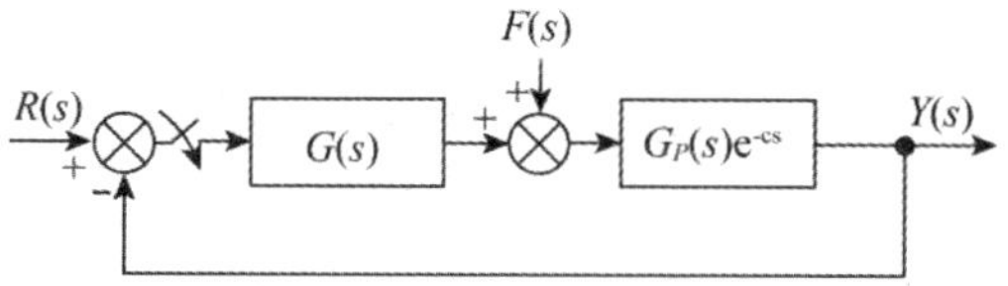

图 3-13 采样控制原理图

上述采样控制的不足在于消极的等待和盲目无力的控制。总之，这样的控制缺乏人工控制滞后过程的智能采样特点，人工采样控制克服大滞后的基本策略可描述如下：等等→看看→调调→再等等→再看看→再调调……

根据上述控制策略，一种仿人智能采样控制系统原理如图 3-14 所示。其中 INT 表示智能器，$F(s)$ 表示定值干扰，$G_{cj}(s)$ 表示控制器，$Y(s)$ 表示被控变量，$G_p(s)e^{-cs}$ 表示被控制对象，B 为中间反馈系数，$R(s)$ 为给定干扰，p 取常数“1”或“0”。

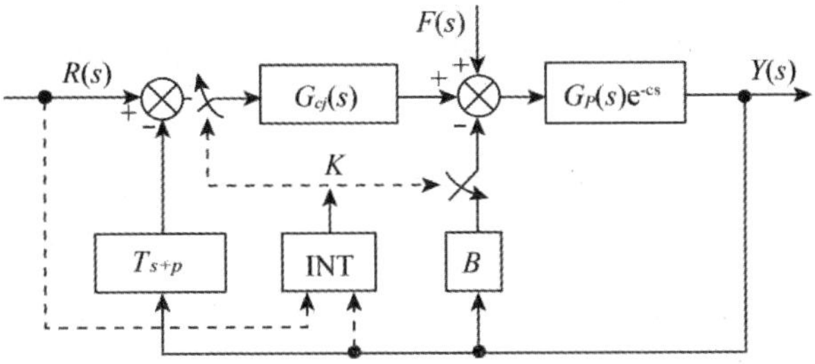

图 3-14 智能采样控制原理图

智能器的功能是控制一个智能采样开关 K，使它在满足特定的条件下“断开”或“闭合”，即

$$K=\begin{cases}0（断开）, & e\cdot\dot{e}<0 或 |e|<\delta \\ 1（闭合）, & e\cdot\dot{e}>0 或 \dot{e}=0,\ |e|\geqslant\delta\end{cases} \tag{3-9}$$

式中，e、$\dot{e}$ 分别为误差和误差的一阶导数；δ 为不灵敏区。

当被控制变量偏离期望值时，智能器发出开关 K 闭合的信号，并进行采样，控制器及时进行控制，直到被控变量有恢复平衡位置的趋势为止；当被控系统误差值在允许范围内时，开关 K 断开，系统处于开环工作状态，此时对象所需维持的能量由控制器或由对象已储存的能量供给。

图 3-14 中 $G_{cj}(s)$ 表示第 j 种控制器 [$j\in(1,2)$]，这是考虑给定干扰与定值干扰往往对控制规律和作用大小不同而引入的。它的选取由设计的逻辑关系自动进行，即

$$G_{cj}(s)=\begin{cases}G_{c1}(s), & dc(t)/dt\neq 0 \\ G_{c2}(s), & dc(t)/dt=0\end{cases} \tag{3-10}$$

其中，$c(t)=L^{-1}\left[\dfrac{1}{T_s+1}R(s)\right]$，$T_s$ 根据需要确定。这样既增强了控制器的适应性和有效性，又保证了随干扰的不同而选用相应的控制器。中间比例反馈 B 的引入主要是为了设计方便。

上述智能采样控制的机理通过进一步分析可以看出，当开关 K 闭合，系统处于闭环控制时，无论系统作随动系统，还是作定值系统，在特征方程中均会出现 e^{-cs}，但通过设置适当的控制参数，由于智能器的逻辑判断功能，完全可以使其仅在一个较短时间内才成立，这样就消除了不稳定因素。而当开关 K 断开，系统处于开环工作状态时，e^{-cs} 对稳定性没有影响。上述智能

采样控制方案，通过智能器来确定系统是开环还是闭环。在开环过程中，控制器处于具有观察功能的积极等待阶段，这种等待的目的是为更好地控制做准备；在闭环过程中，控制器处于控制阶段，是等待的行动体现，具有很强的针对性。这种控制方式巧妙地避开了 e^{-cs} 所带来的不利影响，成功地解决了系统的稳定性问题。

智能采样控制是一种闭环中有开环、开环中含闭环的新颖控制方式，它的整个工作过程类似一个经验丰富的操作人员，既能连续地观察，又能根据需要进行实时校正。所以这种控制具有很强的鲁棒性、快速性，并且很容易通过微机程序来实现。

第四节 递阶智能控制与学习控制

一、大系统控制的形式与主要结构

大系统的一般特点是系统阶次高、子系统数目多且相互关联、系统的评价目标多且不同目标间可能有相互冲突等。人们研究复杂问题通常分层次、分级别来处理。同样，人们通常把较复杂的大系统控制问题分解成若干个互相关联的子系统控制问题来处理。对复杂大系统的控制采用多级多目标控制形式，便形成了金字塔式的递阶控制结构。

（1）大系统控制的形式。按照信息交换方式和关联处理方式，将大系统控制分为三种基本形式：分散控制、分布式控制和递阶控制。

第一，分散控制系统。每个子系统只能得到整个系统的一部分信息，只能对系统变量中某一子集进行操作和处理，且各自有独立的控制目标。

第二，分布控制系统。每个子系统的控制单元是按子系统分布的，系统控制目标分配给各子系统的控制单元，它们之间可以有必要的信息交换。

第三，递阶控制系统。各个子系统的控制作用是由按照一定优先级和从属关系安排的决策单元实现的，同级的各决策单元可以同时平行工作并对下级施加作用，它们又要受到上级的干预，子系统可通过上级互相交换信息。

（2）大系统控制递阶的主要结构。大系统控制递阶的主要结构包括多重描述、多层描述、多级描述。

第一，多重描述。用一组模型从不同的抽象程度对系统进行描述，形成不同层次，每一层都有相应的描述系统行为的变量及所要服从的规律等。这种描述的基本思想是：沿着递阶结构越往下层对系统的内容了解得越具体、越细致，越往上层对系统的意义了解得越深刻。

第二，多层描述。多层描述是按系统中决策的复杂性来分级的，如含有不确定因素的大系统按控制功能可分为四个层次：直接控制层、最优化层、自适应层及自组织层。

第三，多级描述。系统由若干个可分的相互关联的子系统组成时，可将所有决策单元按一定支配关系递阶排列。同一级各单元要受上一级的干预，同时又对下一级决策单元施加影响。同一级决策单元如有相互冲突的决策目标，则由上一级决策单元加以协调。

根据决策目标的多少，系统又可分为单级单目标系统、单级多目标系统和多级多目标系统。单级多目标系统中各决策单元间互相独立工作，各决策单元有自己的控制目标，目标之间不一定矛盾，如有冲突用对策论来处理。多级多目标决策单元在不同级间递阶排列，形成了金字塔结构，同级之间不交换信息，上下级间交换信息，上一级负责协调同一级之间的目标冲突，协调的总目标是使全局达到优化或近似优化。

二、大系统控制的原理

对于较复杂的大系统，通常采用多级多目标金字塔式控制结构。控制系统由许多控制器组成，使得第一级的每个控制器只控制一个子系统，子系统之间又保持一定的联系。这样配置的控制器从上一级控制器（或决策单元）接收信息，并用以控制下一级控制器（或子系统），各控制器之间可能存在的目标冲突依靠上一级控制器（或协调器）进行协调。

（1）协调。为了执行上一级任务，下一级的两个基层单位之间出现问题或矛盾，通常上一级领导解决问题的办法是对下一级的两个单位进行协调。协调也是大系统控制理论中常用的重要的基本概念。在多级多目标控制系统中，协调的目的是通过对下层控制器的干预来调整该层各控制器的决策，以满足整个系统控制总目标的要求。

（2）协调的基本原则。协调有多种方法，但多数都是基于关联预测协调和关联平衡协调两个基本原则。

第一，关联预测协调原则。协调器预测各子系统的关联输入、输出变量的步骤如下：下层各决策单元根据预测的关联变量求解各自的决策问题，然后把达到的性能指标值送给协调器，协调器再修正关联预测值，直到总体目标达到最优为止。这种协调模式称为直接干预模式，是一种可在线应用的协调方法。

第二，关联平衡协调原则。下层的各决策单元在求解各自的优化问题时，把关联变量当作独立变量来处理，即不考虑关联约束条件，而依靠协调器的干预信号来修正各决策单元的优化指标，以保证最后关联约束得以满足，这时目标函数中修正项的数值应趋于零，这种协调方法又称为目标协调法。

三、递阶智能控制的结构与基本原理

人的中枢神经系统是按多级递阶结构组织起来的，因此，多级递阶控制结构已成为智能控制的一种典型结构。多级递阶智能控制系统是智能控制最早应用于工业实践的一个分支，它对智能控制系统的形成起到了重要作用。

（1）递阶智能控制的结构。递阶智能控制的结构按智能程度的高低分为组织级、协调级和控制级三级。

第一，组织级。组织级是递阶智能控制系统的最高级，是智能系统的“大脑”，它具有相应的学习能力和决策能力，对一系列随机输入的语句能够进行分析、能辨别控制情况以及在大致了解任务执行细节的情况下组织任务，提出适当的控制模式。

第二，协调级。协调级是递阶智能控制系统的次高级，它的主要任务是协调各控制器的控制作用，或者协调各子任务的执行。这一级只要求较低的运算精度，但要求有较高的决策能力，甚至具有一定的学习功能。

第三，控制级。控制级是系统的最低级，它直接控制局部过程并完成子任务。控制级和协调级相反，这一级必须高精度地执行局部任务，而不要求具有更多智能。

（2）递阶智能控制的原理。多级递阶智能控制系统的结构与一般多级递阶控制系统的结构形式基本相同，其差别主要表现在递阶智能控制采用了智能控制器，使这种控制系统更多地利用了人工智能的原理和方法，如组织器和协调器都具有利用知识和处理知识的能力，具有程度不同的自学习能力等。因此，大系统的多级多目标递阶智能控制原理具有如下三个特点：

第一，越是处于高级单元，对系统行为的影响范围也就越大，要求具有高的决策智能性。

第二，处于高级单元的决策周期要比处于低级单元的决策周期长，主要是处理涉及系统行为、变化较慢的因素。

第三，越是处于高级单元，问题的描述就越会遇到更多不确定性而更难于定量地予以公式化。

这样的设计形式是符合复杂系统递阶控制要求的。从最低级控制级到协调级再到组织级，对智能性要求逐步提高，而对于这类多级递阶智能控制系统，智能性主要体现在高的层次上。因此，递阶智能控制系统是按照精度随着智能降低而提高的。

在高层次上遇到的问题常常具有不确定性，而在这个层次上采用基于知识的组织器是恰到好处的。因为基于知识的组织器便于处理定性信息和利用人的直觉推理逻辑和经验。因此，可以把多级递阶智能控制系统的工作原理做两次分解，以便于理解。

从横向来看，把一个复杂系统分解成若干个相互联系的子系统，对每个子系统单独配置控制器，这样便于直接进行控制，使复杂问题在很大程度上得到了简化；从纵向看，把控制整个复杂系统所需要的知识的多少，或者说所需要的智能程度，又从低到高做了一次分解，这就给处理复杂问题带来了方便。而协调器正是作为一个中间环节，解决各子系统间因相互关联而导致的目标冲突。这样多级递阶智能控制系统就能在最高级组织器的统一组织下，实现对复杂系统的优化控制。

四、递阶学习控制系统

（一）学习控制的概念

学习是人的基本智能之一，学习是为了获得知识，因此，在控制中模拟人类学习智能行为的学习控制属于智能控制的范畴。

学习控制即如果一个系统能对一个过程或其环境的未知特征所固有的信息进行学习，并将得到的经验用于进一步的估计、分类、决策和控制，从而使系统的品质得到改善，就称此系统为学习系统。将学习系统得到的学习信息用于控制具有未知特征的过程，这样的系统称为学习控制系统。

学习控制系统中的未知环境包括被控动态过程及其干扰等；学习控制律可以是不同的学习控制算法；存储器用于存储控制过程中的控制信息及相关数据；性能指标评估是把学习控制过程中得到的经验用于不断地估计未知过程的特征，以便更好地决策控制。

由于实现学习控制算法有多种途径，因此，学习控制系统的组成也会因学习算法的不同，在组成上有不同的结构形式。

（二）学习控制的主要形式

第一，具有学习功能的自适应控制。自适应控制系统应具有两个功能：一是常规的控制功能，由闭环反馈控制回路实现；二是学习功能，由自适应机构组成的另一个反馈控制回路实现，其控制对象是控制器本身。

自适应控制系统具有学习功能，但这种学习的结构形式与学习控制系统的结构形式是不同的。自适应控制的学习功能是通过常规控制器控制性能的反馈、评价等信息，进而通过自适应机构对控制器的参数甚至结构进行在线调整或校正，以使下一步的控制性能优于上一步的，这便是学习。可以认为，自适应学习系统是一种二级递阶控制结构，由双闭环控制系统组成，其中常规控制回路是递阶结构的低级形式，完成对被控对象的直接控制；包含自适应机构和常规控制器的第二个回路是递阶结构的高级形式，它是由软件实现的一种反馈控制形式，完成对控制器控制行为的学习功能。

迭代学习控制系统和重复学习控制系统没有像自适应控制系统那样的两阶递阶结构，只是增加了用以记忆以往控制经验的存储器。迭代学习控制中的学习是通过对以往“控制作用与误差的加权和”的经验记忆实现的。系统不变的假设以及记忆单元的间断重复训练是迭代学习控制的本质特征。而重复学习控制的记忆功能由重复控制器完成，它对控制作用的修正不是间断离线而是连续实现的。

第二，基于神经推理的学习控制。在神经网络直接充当控制器的神经控制系统中，神经网络实际上是通过学习算法改变网络中神经元间的连接权值，从而改变神经网络输入输出间的非线性映射关系，逐渐逼近被控动态过程的逆模型来实现控制任务的。神经网络的这种学习和迭代学习控制、重复学习控制中的学习形式是不一样的。前者的学习是出于逼近的思想，而后者是利用控制系统先前的控制经验，根据测量系统的实际输出信号和期望信号来寻找一个理想的输入特性曲线，使被控对象产生期望的运动。“寻找”的过程便是学习控制的过程。

第三，基于模式识别的学习控制。把模式识别的原理及方法用于控制系统所遇到的首要问题就是被控对象的动力学特性如何去描述。对于有参考模型的被控对象，模式识别主要作为一种信号处理手段来使用，但由于计算量较大而无实用价值。对于一些无法建模或无法进行参数估计的复杂生产过程，模式识别成为获取工况信息和获取知识的重要手段。

综上所述，越是复杂的被控过程，越是难以建立精确模型，越是难以获得被控动态过程的精确定量信息。在这种情况下，如何在控制决策上模拟娴熟的操作者的形象思维功能就是如何将模式识别的方法用于智能控制所要解决的问题。

基于模式识别的智能控制实际上是模拟人工控制过程中识别动态过程特征的思想，然后根据人的控制经验，对于不同的动态过程采取不同的控制策略。通过这样不断地识别，又不断地调整控制策略，使控制性能不断提高的过程体现出一种学习行为。

第四章 智能优化算法及其原理

由于智能控制对象具有难以精确建模的特点，所以基于精确模型的传统优化方法难以应用，因此，应用不依赖于精确模型的智能优化算法对于优化智能控制器具有重要意义。本章围绕智能优化算法及其原理，在论述智能优化算法的基础上，对智能优化算法的理论和常见算法进行阐述。

第一节 智能优化算法概述

智能优化算法是区别于基于精确模型的传统优化算法而言的，人们所说的智能泛指用计算机模拟人脑、模拟生物进化、模拟动物觅食、模拟植物生长、模拟自然现象、模拟生态平衡等过程中的优化机理所体现出的智能性。模拟这种智能而设计的多种优化算法，统称为智能优化算法。由于这样的算法模拟的对象不一样，人们观察的视角也不同，于是将这样的优化算法又称为仿生计算、自然计算、智能计算和计算智能等。

（1）模糊计算与神经计算。应用计算机模拟人脑的智能实质上是模拟人的思维。通过模拟人脑左半球模糊逻辑思维功能，1965 年，扎德建立了模糊集合论，从而建立了模糊逻辑推理系统（模糊系统），这样的系统具有万能逼近的特性。[①]而神经网络系统（神经系统）模拟人脑右半球形象思维功能，即使是一个三层前向网络也能以任意精度逼近任意的连续函数。模糊系统通过模糊计算和神经系统通过神经计算都可以实现万能逼近特性，所以它们都可以用于智能控制、模式识别、参数优化等领域。

（2）进化计算。进化计算包括八个算法。

第一，遗传算法。1975 年，美国密歇根大学心理学、计算机科学教授霍兰受生物进化论的启发提出了遗传算法。1859 年，英国生物学家达尔文提出的以适者生存、不适者淘汰的自然选择为基础的生物进化论，以及 1866 年孟德尔的遗传学说为遗传算法的诞生奠定了理论基础。

---

① 李士勇，李研．智能控制 [M]. 北京：清华大学出版社，2016.

生物进化论认为，遗传、变异和选择是生物发展进化的三个主要原因，它揭示了生物长期自然选择进化的发展法则。进化论的自然选择过程蕴含的一种搜索和优化的先进遗传算法正是基于上述思想而创立的。遗传、变异和选择是实现遗传算法的三个基本操作。遗传算法已经成为许多启发式搜索、智能优化算法的基础。

遗传算法创立之后，以遗传算法为基础，改进和发展了多种进化算法，包括原对偶遗传算法、进化规划、进化策略、遗传编程、分布估计算法、差分进化算法、基因表达式编程算法等。

第二，原对偶遗传算法。有学者提出了用于解决动态背包问题的原对偶遗传算法，其基本思想是在种群进行遗传运算后，将其中相对较差的个体进行对偶映射。对于任何原染色体，如果它的对偶染色体更优秀，则原染色体将被其对偶染色体替代，否则原染色体保留。这样既有助于增强种群的多样性，保持种群的搜索能力，又不会影响当前种群的迭代过程，保持种群的开发能力。

第三，进化规划。进化规划强调行为模型而不是遗传模型，目的是用模拟进化的方法进行人工智能的开发。进货规划（EP）的进化过程用适应度函数度量个体对所在环境的“行为失误”，且EP算法的搜索过程主要由变异算子、选择算子两个进化算子驱动。

第四，进化策略。进化策略的基本思想是进化过程也能用于优化其自身。进化策略同时考虑基因型特征的进化和策略参数的进化。进化策略不同于遗传算法的二进制数表达，而采用传统的十进制实数表达问题。

第五，遗传编程。遗传编程是在遗传算法的基础上提出的。遗传编程（GP）即每个个体或染色体代表一个程序，用层次化的结构性语言表达问题，它类似于计算机程序分行或分段地描述问题。

第六，分布估计算法。分布估计算法是一种基于概率模型的进化算法，它通过对当前优秀个体集合建立概率模型来指导下一步的搜索，并从所获得的较优解的概率分布函数中抽样产生新的个体。分布估计算法源于遗传算法，但它与遗传算法不同的是没有交叉和变异操作。由于这类算法在本质上改变了基本遗传算法通过重组操作产生群体的途径，因此改善了基本遗传算法中存在的欺骗问题和连锁问题。

第七，差分进化算法。差分进化算法是一种求解全局优化问题的实编码算法。差分进化算法（DE）不是从单个点，而是从候选解的种群进行操作的。它的自参考种群繁殖方案与其他优化算法不同，有特殊的“变异”“交叉”和“选择”方式。DE对目标函数不存在导数和连续性的要求，它不需要确定性的规则，而采用概率转移准则，具有内在的隐并行性和较好的全局寻优能力。DE 在机器人路径规划、头部电阻抗成像、智能人工腿控制器等领域获得了应用。

第八，基因表达式编程算法（GEP）。遗传算法的染色体是线性定长码串，旨在通过简单编码解决简单问题；遗传编程的染色体是不定长非线性树结构，旨在利用复杂编码解决复杂问题。基因表达式编程继承了遗传算法的刚性，又继承了遗传编程的柔性，采用定长非线性树结构，利用简单编码解决复杂问题，因此，基因表达式编程算法具有很高的效率。GEP 算法已用于函数挖掘、时间序列预测、关联规则挖掘、自动聚类、数据压缩等领域。

（3）人工免疫算法。免疫算法是模拟人和生物免疫系统中蕴含的丰富信息处理机理，包括识别、学习、记忆、正反馈（活化）、负反馈（免疫）、优化等而提出的多种优化算法的统称。人工免疫算法没有一个统一的模式，它分为基于群体的免疫算法（免疫遗传算法、克隆选择算法、反向选择算法等）和基于网络的免疫算法。人工免疫算法已用于计算机安全、故障诊断、异常检测、智能控制及优化等领域。

（4）群智能优化算法。群智能优化算法是模拟社会性动物的群体行为所表现出的有别于个体行为的智能行为。如蚂蚁、飞鸟、蜜蜂、萤火虫等个体的智能较差，但它们集结成群、相互协同就可以完成觅食、筑巢、规避危险等复杂任务，呈现出群智能行为。

第一，蚁群优化算法。通过模拟蚂蚁群体从蚁穴到食物源觅食过程能够寻找出最短路径的行为，称为用于解决组合优化问题的蚁群优化算法（ACO）。蚁群中的个体之间通过在经过的路径上释放信息素交换信息，并通过启发信息决定下一步的转移概率，从而实现寻优的目的。在智能控制中，蚁群算法可用于学习模糊规则等。

第二，粒子群优化算法。受鸟类群体行为研究结果的启发，利用生物群体模型，衍生出了粒子群算法（PSO），又称微粒群算法，主要用于解决连续空间的优化问题。PSO 算法视鸟的个体为一个粒子，粒子在搜索空间中以一定的速度飞行，这个速度根据自身的飞行经历的最优方向和整个鸟群所公认的最优方向来决定自己的飞行。由于群体的相互作用和相互影响，从而使鸟群寻找到从栖息地到食物源的优化路线。

第三，蜂群算法。蜜蜂种群能够在任何环境下，以极高的效率从食物源（花朵）中采集花蜜，并能适应环境的改变。蜜蜂采蜜返回后在蜂巢上翩然起舞可以看作用图来表示最短路径的问题，蜂群算法可以用来解决组合优化问题。蜂群产生群体智慧的模型包含食物源、被雇佣蜂和未雇佣蜂三个基本的组成要素，以及为食物源招募蜜蜂和放弃某个食物源两种最基本的行为模型。蜂群算法由于控制参数少、易于实现、计算简捷等优点，已用于函数的数值优化问题、神经网络训练网络重构、整数规划、机器人路径规划、生产调度等领域。

（5）模拟退火算法。模拟退火算法是一种自然算法，又是一种启发式的随机搜索算法。金属固体在高温加热下熔化为液态，系统能量随温度升高而增大；随温度徐徐下降，粒子运动减慢、能量减少，最终金属粒子被固化为具有最小能量的晶体。模拟退火算法基于“突跳性搜索”，可以避免搜索过程陷入局部最优。因此，模拟退火算法是一种通用的全局优化算法，但该算法存在收敛速度慢的缺点。模拟退火算法已应用于生产调度、模式识别、图像处理、机器学习等领域。

（6）禁忌搜索算法。禁忌搜索算法（TS）的基本思想是模拟人的经验和记忆功能，是一种智能优化算法。它通过对搜索历史的记录，使用一个禁忌表记忆已陷入局部最优解，并在进一步的搜索中禁止重复选择这些局部最优解，以使搜索过程尽量避开（而不是绝对禁止循环）局部最优解，从而获得全局最优解。禁忌搜索算法在每一步搜索中都富有启发式的思想，因此又称为元启发式算法。禁忌搜索算法又是对基于贪婪算法的局部搜索算法进行扩展而形成的一种全局性领域搜索算法。构成 TS 的要素包括：评价函数、禁忌对象、初始解、邻域移动、禁忌表、选择策略、解禁策略和停止准则。禁忌搜索算法已应用于组合优化、生产调度、电力系统、电路设计、整数规划、机器学习等领域。

第二节 智能优化算法的理论基础

系统科学和复杂适应系统理论是深入研究智能优化算法的理论基础。系统科学是研究系统的结构、状态、特性、行为、功能及其在特定环境和外部作用下演化规律的科学。

一、系统科学

系统即相互作用的多元素的复合体。我国著名科学家钱学森把系统定义为由相互作用和相互依赖的若干组成部分结合成的具有特定功能的有机体。由此可见，一个系统具有三方面特性。

第一，多元性。系统由两个或两个以上的许多部分组成，这些部分又称为元素、单元、基元、组分、部件、成员、子系统等。各种组分形成了多元性，而性质各异的组分又形成了多样性。

第二，相关性 / 相干性。组成系统的各部分之间存在着直接或间接的相互联系、相互作用、相互影响、相互制约。线性系统中的元素间的相互作用称为相关性，而非线性系统中元素间的相互作用称为相干性。

第三，整体性。组成系统的各部分作为一个整体具有某种功能，这一要素表明系统作为一个整体，具有整体结构、整体状态、整体特性、整体行为、整体功能，系统整体性是和其功能性相统一的。系统科学将整体具有的而部分不具有的特性称为整体涌现性。

从系统具有线性、非线性、复杂性的角度分为线性系统、非线性系统、复杂系统。线性系统的整体功能等于各部分功能之和，即 $1+1=2$；非线性系统的整体功能不等于局部功能之和，即 $1+1\neq 2$；复杂系统的整体功能大于局部功能之和，即 $1+1>2$。

二、复杂适应系统

（一）复杂适应系统的理论

霍兰基于对自然、生物、社会等领域存在的大量复杂系统演化规律的探索和对复杂性产生机制的研究，于 1994 年在圣菲研究所成立十周年的报告会上，首次提出了复杂适应系统比较完整的理论。1995 年，他在《隐秩序——适应性造就复杂性》专著中，系统地论述了复杂适应系统（CAS）理论，以下简称 CAS。[①]

复杂适应系统理论把系统中的个体（成员）称为具有适应性的主体，简称为主体（智能体）。此处的适应性指主体与其他主体之间、与环境之间能够进行“信息”交流，并在这种不断地反复交流过程中逐渐“学习”或“积累经验”，又根据学到的经验改变自身的结构和行为方式，提高主体自身和其他主体的协调性及对环境的适应性，从而推动系统不断演化，并能在不断地演化过程中使系统的整体性得以不断进化，最终使系统整体涌现出新的功能。

霍兰为了描述主体在适应和演化过程中的行为特征，定义了包括 4 个特性和 3 个机制在内的 7 个基本概念。

（1）聚集。聚集是指主体通过“黏合”形成较大的更高一级的主体——介主体，它是简化复杂系统的一种标准方法。聚集不是对简单个体的合并，

---

① 约翰 · H. 霍兰：隐秩序——适应性造就复杂性 [M]. 周晓牧，韩晖，译 . 上海：上海科技教育出版社，2011.

也不是对某些个体的吞并，而是较小的、较低层次的个体在一定的条件下，通过某种特定的聚集形成较大、较高层次上的新型个体。较为简单的主体的聚集必然会涌现出复杂的大尺度行为，如蚂蚁、蜜蜂的个体行为简单，环境一变就只有死路一条。但蚂蚁、蜜蜂的聚集形成的蚁群构筑的蚁巢、蜂巢的适应性极强，可以在各种恶劣的环境下生存很长一段时间。复杂适应系统理论需要识别出使简单个体形成具有高度适应性的聚集体的机制。

（2）标识。在聚集体形成过程中，有一种机制始终起着区别于主体的作用，称为标识。它的作用如同商标、标识语和图标一样，让主体通过标识去选择一些不易分辨的主体或目标，标识能够促进选择性的相互作用。总之，标识是隐含在 CAS 中具有共性的层次组织机构背后的机制。

（3）非线性。非线性指个体自身行为、特性的变化以及个体间的相互作用并非遵循简单的线性关系。特别是个体主动地适应环境在及在与其他个体反复交互的作用中，非线性更为突出。在智能优化算法中反复交互作用是通过程序迭代运算实现的，而迭代常常把非线性通过反馈加以放大，使系统的演化、进化过程变得曲折、复杂。

CAS 理论认为非线性来源于主体的主动性和适应性，主体行为的非线性是产生系统复杂性的内在根源。非线性有助于加快复杂适应系统的演化进程。

（4）流。在个体与个体、个体与环境之间存在物质、能量和信息的交换，这种交换过程类似流的特性。在 CAS 中，用｛结点，连接者，资源｝三元组合对这种流加以描述。因特网上众多结点把供应商、信息源与消费者、用户连接在一起，信息和资源通过结点在网络上流动。

乘数效应是流和网的主要特征，即通过传递后的效应会递增；再循环效应是流和网络的另一个重要特性。相同的信息或材料资源输入，经再循环会使每个结点产生更多的资源，因而增加了输出。

（5）多样性。CAS 理论认为，任何单个主体的持存都依赖于其他主体提供的完善协调的生态环境。当从系统中移走一个主体，会产生一个“空位”，系统就会经过一系列的反应产生一个新的主体来补充空位。新的主体占据被移走主体的相同生态位，并提供大部分失去的相互作用。当主体的蔓延开辟了新的生态位，产生了可以被其他主体通过调整加以利用的新的相互作用的机会时，多样性也就产生了。

产生多样性的原因在于主体不断的适应过程，是一种动态模式，每一次适应都为进一步的相互作用和新的生态位提供了可能性。多样性的形成还与“流”有密切关系。自然界“优胜劣汰”的自然选择过程就是通过“流”增加再循环，导致增加多样性的过程。

（6）内部模型。主体的内部模型是指用规则描述内部结构的变化，用以代表主体实现预知的内部机制。主体接受外部刺激，做出适应性反应的过程能合理地调整自身内部结构的变化，使主体预知再次遇到这种情况或类似情形时会随之产生的后果。因此，主体复杂的内部模型（内部规则）是主体适应性的内部机制的精髓，它是主体在适应过程中逐步建立的。

（7）积木块。CAS 理论把复杂适应系统内部模型通过搭积木的方法用已测试过的规则进行组合，从而产生处理新问题的规则。霍兰将已有的规则称为积木块，也称为模块。

当把某个层次的积木块还原为下一层次积木块的相互作用和组合时，就会发现其内部规律。霍兰提出内部模型和积木机制的目的在于强调层次概念，当模块超越层次时，就会有新的规律和特征产生。

（二）复杂适应系统的主要运行机制

在上述 7 个基本概念的基础上，霍兰提出了建立主体适应和学习行为的基本模型，其分为以下三个步骤：

（1）建立描述系统行为特征的规则模型。基于规则对适应性主体行为描述是最基本的形式，最简单的一类规则为：IF（条件为真）THEN（执行动作），即刺激—反应模型。如果将每个规则想象成某种微主体，就可以把基于规则的对于信息输入输出作用扩展到主体间的相互作用上去。如果主体被描述为一组信息处理规则的形式为：IF（有合适信息）THEN（发出指定的信息），那么，使用 IF-THEN 规则描述主体有关的信息输入和输出，便能处理主体规则间的相互作用。

使用规则描述适应性主体的行为特征，使用探测器描述主体过滤环境信息的方式，再用效应器作为适应性主体输出的描述工具，这三个部分构成了执行系统的模型。

（2）建立适应度确认和修改机制。上述描述系统行为特征的规则模型给出了主体在某个时刻的性能，但还没有表现出主体的适应能力，必须考察主体获得经验时改变系统的行为方式。为此，对每一个规则的信用程度要确定一个数值，称为适应度，用以表征该规则适应环境的能力。这一过程实际上是向系统提供评价和比较规则的机制。每次应用规则后，个体将根据应用的结果修改适应度，这实际上就是“学习”或“积累经验”。

（3）提供发现或产生新规则的机制。为了发现新规则，最直接的方法就是找到新规则的积木，利用规则串中选定的位置上的值作为潜在的积木。这种方法类似于用传统的手段评价染色体上单个基因的作用，即确定不同位置上的各种可选择基因的作用，通过确定每种基因和等位基因（每个基因有几种可选择的形式）的贡献来评价它们。通常需要为染色体赋一个数值，称为适应度，用以表示其可生存后代的能力。从规则发现的观点看，等位基因集合的重组更有意义。[①]

产生新规则采用三个步骤：①选择，从现存的群体中选择字符串适应度大的作为父母；②重组，对父母串配对、交换和突变以产生后代串；③取代，后代串随机取代现存群体中的选定串。

循环重复多次，连续产生许多后代，随着世代的增加，群体和个体都在不断进化。上述的遗传算法利用交换和突变可以进一步创造出新规则，在微观层次上遗传算法是复杂适应系统的理论基础。

（三）复杂适应系统理论的主要特点

复杂适应系统理论具有五个主要特点。

第一，复杂适应系统中的主体是具有主动性、适应性、“活的”实体。这个特点特别适合于经济系统、社会系统、生物系统、生态系统等复杂系统建模。这里的“活的”个体并非是生物意义上的活的个体，它是对主体的主动性和适应性这一泛指的抽象概念的升华，这样就把个体的主动性、适应性提高到了系统进化的基本动因的位置，从而有利于考察和研究系统的演化、进化，同时也有利于个体的生存和发展。

第二，CAS 理论认为，主体之间、主体与环境之间的相互作用和相互影响是系统演化和进化的主要动力。在 CAS 中个体属性差异可能很大，它完全不同于物理系统中微观粒子的同性。正因为这一点使得 CAS 中个体之间的相互作用关系变得更复杂。另外，在 CAS 中一些个体能够聚集成更大的聚集体，这样使得 CAS 的结构多样化。“整体作用大于部分之和”的含义指的正是这种个体和（或）聚集体之间相互作用的“增值”，这种相互作用越强，就越增值，导致系统的演化过程更加复杂多变，进化过程更加丰富多彩。

第三，CAS 理论给主体赋予了聚集特性，能使简单主体形成具有高度适应性的聚集体，主体的聚集效应隐含着一种正反馈机制，极大地加速了演化的进程。因此，可以说没有主体的聚集就不会有自组织，也就没有系统的演化和进化，更不会出现系统整体功能的涌现。从个体间的相互作用到形成聚集体，再到系统整体功能的涌现，这是一个从量变到质变的飞跃。

第四，CAS 理论把宏观和微观有机地联系起来，这一思想体现在主体和

① 上官海洋，向铁元，张巍，等．基于智能优化算法的 FACTS 设备多目标优化配置 [J]. 电网技术，2014（8）：2193-2199.

环境的相互作用中，即把个体的适应性变化融入整个系统的演化中统一加以考察。微观上大量主体不断地相互作用、相互影响，导致系统宏观的演化和进化直到系统整体功能的涌现，反映了大量主体相互作用的结果。CAS 理论很好地体现了微观和宏观二者之间的对立统一关系。

第五，在 CAS 理论中引进了竞争机制和随机机制，从而增加了复杂适应系统中个体的主动和适应能力。

三、智能优化算法的基本原理

人们提出的多种智能优化算法都属于软计算智能系统，因为每种智能优化算法都有个体、群体，都存在个体与个体、个体与群体、群体与群体间的相互作用、相互影响等，这种相互作用都存在着非线性、随机性、适应性及存在着仿生智能性等特点，因此，智能优化算法本质上属于人工复杂适应性系统。

人工复杂适应系统旨在使系统中的个体以及由个体组成的群体具有主动性和适应性，这种主动性和适应性使该系统在不断地演化中得以进化，而又在不断地进化中逐渐提高适应性以达到优化的最终结果，从而使这样的系统能够以足够的精度去逼近待优化复杂问题的解。因此，具有智能模拟求解和智能逼近的特点是智能优化算法的本质特征，这也体现出了复杂适应系统理论的精髓——适应性造就了复杂性。

为了更好地研究、设计和应用各种智能优化算法求解工程优化，需要解决好共性问题，其主要包括三个方面：

第一，把待优化的工程问题通过适当的变换，转化为适合于某种具体智能优化算法的模型，以便应用具体优化算法进行求解。

第二，设计智能优化算法中的个体、群体的描述，建立个体与个体、个体与群体、群体与群体之间相互作用的关系，确定描述个体行为在演化过程中适应性的性能指标。由于各种优化算法存在差异，因此这里所指的个体和群体的概念是泛指的、广义的，从系统科学的角度而言，就是系统的三要素：个体，由许多个体构成相互作用的群体，不断相互作用的群体在一定的条件下涌现出整体的优化功能。

第三，在智能优化算法的设计中，应解决好全局搜索与局部搜索的辩证关系。如果注重局部搜索而轻视全局搜索，易使算法陷于局部极值而得不到全局最优解；如果注重全局搜索而轻视局部搜索，易导致长时间、大范围搜索却接近不了全局最优解。因此，需要处理好确定性搜索与概率搜索之间的关系。在一定意义上，可以认为确定性搜索有利于全局搜索，而概率搜索有利于局部搜索，这二者之间是相互引用、相互影响的，因此，必须处理好这二者之间的关系。

第三节 常见的智能优化算法

一、RBF 神经网络优化算法

（一）RBF 神经网络的特点

RBF 神经网络是一种性能良好的前向网络，具有如下四个特点：

首先，不依赖精确的数学模型，具有广泛的从输入到输出的任意具有非线性映射能力，能以任意精度逼近任意具有非线性特性的局部网络。

其次，分布式信息存储，大量数据单元同时高速并行处理，有很强的鲁棒性。

再次，信息分布存储于处理单元的阈值和它们的连接权中，具有很强的容错能力，个别处理单元不正常不会引起整个系统出错。

最后，应用多种调整权值和阈值的学习算法，具有类似人脑的自适应和自组织学习功能。

考虑 n 输入单输出具有 m 个隐单元的 RBF 神经网络结构如图 4-1 所示[①]。

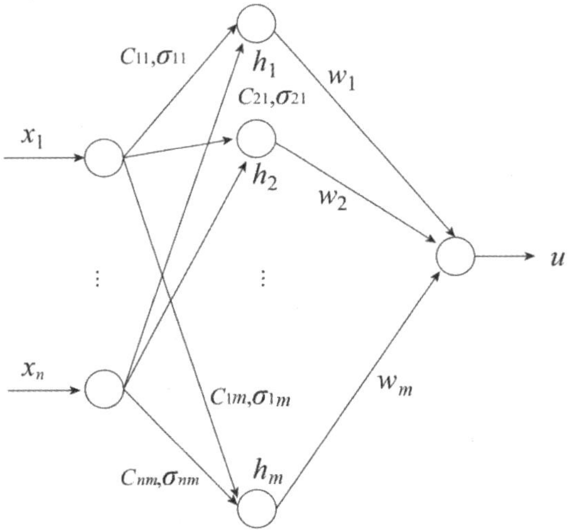

图 4-1 RBF 神经网络的结构

这是一种前向网络的拓扑结构，隐含层的单元是感受野单元，每个感受野单

① 本章图均引自李士勇，李研．智能控制 [M]. 北京：清华大学出版社，2016.

元输出为：

$$\omega = R_i(X) = R_i(\|X - C_i\| / \sigma_i), \ i=1, \cdots, n \qquad (4\text{-}1)$$

其中，X 是 n 维输入向量；C_i 是与 X 同维数的向量；$R_i(\bullet)$ 具有局部感受的特点，如 $R_i(\bullet)$ 取高斯函数，即 $R_i(X) = \exp(-\|X - C_i\|^2 / \sigma_i^2)$，$R_i(X)$ 只有在 C_i 周围的一部分区域内有较强的反应，这正体现了大脑皮质层的反应特点。RBF 神经网络不仅具有上述生物学背景，而且还受数学理论的支持。

通过径向基函数可以更确切地描述人类神经元的活动特性。在中心附近区域内网络的输出最大，随着与中心距离的增大，输出逐渐变小，而这一过程的快慢则由 σ 参数决定，σ 越大则函数输出曲线越平缓，对输入的变化越不敏感，可以通过调节它来模拟人类神经元。

根据进一步分析可以看到，输入向量与中心 C_i 之间的距离决定了网络输出的大小，所以距离相等或相近的输入向量可以归为一类，相当于把输入向量按照与中心之间的距离进行了空间划分。根据输入向量与中心 C_i 之间的距离把输入向量空间通过径向基函数非线性映射到了隐层空间，之后，又通过线性变换映射到输出空间去。由模式识别理论可知，在低维空间非线性可分的问题总可以映射到一个高维空间，并使其在此高维空间中线性可分。因此，如果选定了合理的隐层结点数之后，把输入向量空间映射到隐层空间后，则一定存在一个线性映射过程，把隐层空间进一步映射到线性输出空间去。

（二）RBF 神经网络的学习算法

由 RBF 神经网络的结构可知，一个 RBF 神经网络主要应由两个方面参数——中心和权值确定，目前对 RBF 神经网络的各种改进也正是围绕这两方面展开的。

RBF 神经网络的学习算法主要有梯度下降法、基于反复迭代的 RBF 学习方法、基于 k- 均值聚类的 RBF 学习方法。下面以梯度下降法为例进行阐述。

BP 网络最常用的训练就是选定某种性能指标，用梯度下降法来校正网络参数，使该性能指标取最优值，RBF 神经网络的训练亦可以采用同样的方法。这样 RBF 神经网络的学习实际上就转化为一个最优化问题。基于梯度下降法的 RBF 神经网络的训练过程如下：

对一般 RBF 神经网络结构，取性能指标为：

$$J = \frac{1}{2}\sum_{i=1}^{M}(y_i - \hat{y}_i)^2 \qquad (4\text{-}2)$$

其中，$\hat{y}_i$ 为网络输出，$\hat{y}_i=\sum_{j=1}^{p}\omega_{ij}h_j$，$h_j=\exp(-\frac{\|X_i-C_j\|^2}{\sigma_j^2})$ 。

可以看出，J 是关于 C_j，ω_{ij}，σ_j 的函数。网络训练的过程就是调整以上三个参数，使 J 趋于最小。求取 J 对于各网络参数 $C_t^{(q)}$ ，ω_{ts}，σ_t 的偏导数可得到参数的校正方法，由此得到以下 RBF 神经网络的梯度下降训练算法。

权值的校正方向为：

$$S\omega_{ts}=-\frac{\partial_J}{\partial\omega_{ts}}=(y_s-\hat{y}_s)\ h_t=e_s h_t \tag{4-3}$$

中心 $C_i^{(q)}$ 的校正方向为：

$$Sc_t^q=\frac{\partial J}{\partial C_t^q}=\frac{2h_t(X^{(q)}-C_t^{(q)})}{\sigma_t^2}\sum_{t=1}^{M}(y_t-\hat{y}_t)\omega_{ts} \tag{4-4}$$

$$=\frac{2\|X-C_t\|^2}{\sigma_t^3}h_t\sum_{t=1}^{M}\omega_{ts}e_t \tag{4-5}$$

宽度 σ_i 的校正方向为：

$$S_{\sigma_t}=-\frac{\partial J}{\sigma_t}=\frac{2\|X_i-C_t\|^2}{\sigma_t^3}h_t\sum_{t=1}^{M}(y_t-\hat{y}_t)\ \omega_{ts} \tag{4-6}$$

$$=\frac{2\|X-C_t\|^2}{\sigma_t^3}h_t\sum_{t=1}^{M}\omega_{ts}e_t \tag{4-7}$$

由此可得 RBF 神经网络的梯度下降法校正公式为：

$$\omega_{ts}(n+1)=\omega_{ts}(n)+\lambda S_{\omega_{ts}}+\alpha[\omega_{ts}(n-1)-\omega_{ts}(n-2)] \tag{4-8}$$

$$C_t^{(q)}(n+1)=C_t^{(q)}(n)+\lambda S_{C_t^{(q)}}+\alpha[C_t^{(q)}(n-1)-C_t^{(q)}(n-2)] \tag{4-9}$$

$$\sigma_t(n+1)=\sigma_t(n)+\lambda S_{\sigma_t}+\alpha[\sigma_t(n-1)-\sigma_t(n-2)] \tag{4-10}$$

其中，$1\leqslant t\leqslant P$，$1\leqslant s\leqslant M$，$1\leqslant q\leqslant N$，P 为隐单元数，M 为输出维数，N 为输入维数；λ 为步长，α 为动量因子，λ、$\alpha\in[0,1]$。

上述 RBF 神经网络学习算法运算过程简单，采用梯度下降来修正网络中心，通过 LMS 算法来修正权值。但是，该方法要求所给定的隐层结点数必须与输入样本空间的聚类数相差不大，如果隐层结点数大于输入样本空间的聚类数，则一方面会降低网络的学习速度，另一方面因为过多的隐层结点带来的计算误差而使 RBF 神经网络的收敛精度下降；如果隐层结点数小于输入样本空间的聚类数，则无论网络学习多少次，最终的精度都不能达到很高。这一点正是固定隐层结点数这一类算法的通病。

另外，RBF 神经网络的中心宽度 σ 的值只是改变曲线的形状，对结果的影响不大，其作用完全可以由中心和权值的作用来补偿。因此，有的文献令它的值为常数 1，这样可以减小计算量，且对精度的影响不大。

（三）RBF 神经网络在控制中的应用

RBF 神经网络在控制中主要用于控制参数优化、系统辨识等方面。此处主要阐述 RBF 神经网络用于系统辨识的原理与步骤。

前向网络用于系统辨识的原理如图 4-2 所示。

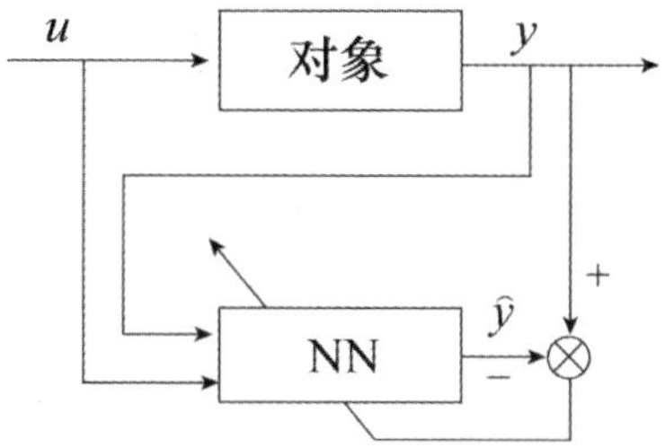

图 4-2 前向网络辨识系统

基于系统输入、输出数据可以完成对系统的辨识。因此，

$$\hat{y}(k+1)=NN[y(k),\ y(k-1),\ \cdots,\ y(k-n+1),\ u(k),\ u(k-1,\ \cdots,\ u(k-m+1)] \quad (4\text{-}11)$$

$$\begin{cases} x(k+1)=f[x(k),\ u(k)] \\ y(k)=h[x(k)] \end{cases} \quad (4\text{-}12)$$

完成这样一个系统的辨识通常做以下假设：①f，h 是光滑的；②系统是状态可逆的；③系统阶次的上界可知。一般可观性系统的全局输入输出模型都存在，并不要求系统的强可观性，这说明 RBF 神经网络可以对几乎所有的系统进行辨识和建模。RBF 神经网络用于非线性系统辨识的主要优势在于它可以避开复杂的算法而较为准确地完成辨识任务。

RBF 神经网络用于非线性系统辨识和系统建模一般分为五个步骤。

第一，恰当选择学习样本。系统辨识的学习数据都由伪随机码激励系统得到，在过程控制中，这是不适用的。无论采用什么方法得到学习数据都必须遵循一条原则，即学习样本必须充分体现系统的工作状况。

第二，学习样本数据的处理。一般来说学习数据都应做归一化处理，同时由于在实时控制中采集到的数据含有噪声，因此需要有滤波处理过程。

第三，确定模型的阶次。这可以应用被建模系统的先验知识来确定，也可通过数据分析得到。

第四，采用恰当的学习算法完成 RBF 神经网络的离线学习。

第五，如果系统是时变的，必须用递推算法对 RBF 神经网络进行在线校正。

二、遗传算法

地球上的生物都是经过长期进化而发展来的，根据达尔文的自然选择学说，地球上的生物具有很强的繁殖能力，在繁殖过程中大多数通过遗传使物种保持相似性，部分由于变异产生新物种。由于大量繁殖，生物数目急剧增加，但自然界资源有限，为了生存，生物间展开竞争，适应环境且竞争能力强的生物就生存下来，不适应者就消亡，通过不断竞争和优胜劣汰，生物也在不断地进化。

构成生物体的最小结构与功能单位是细胞。细胞由细胞膜、细胞质和细胞核组成。细胞核由核膜、染色质、核仁等组成。细胞核位于细胞的最内层，它内部的染色质在细胞分裂时，在光谱显微镜下可以看到产生的染色体。染色体主要由蛋白质和脱氧核糖核酸（DNA）组成，它是一种高分子化合物，其基本单位是脱氧核糖核酸。由于大部分 DNA 在染色体上，可以传递遗传物质，因此，染色体是遗传物质的主要载体。

控制生物遗传的物质单位称为基因，它是有遗传效应的片段。每个基因含有成百上千个脱氧核糖核苷酸，其在染色体上呈线性排列，这种有序排列代表了遗传信息。生物在遗传过程中，父代的遗传物质（分子）通过复制方式给子代传递遗传信息。此外，在遗传过程中还会发生三种形式的变异：基因重组、基因突变和染色体变异。基因重组指控制物种性状的基因发生了重新组合，基因突变指基因分子的结构发生了改变，染色体变异指染色体的结构或数目发生变化。

（一）遗传算法的概念

遗传算法中主要有十个基本概念。

第一，染色体。染色体是遗传物质的主要载体，是多个遗传因子的集合。

第二，基因。基因是遗传操作的最小单元，它以一定的排列方式构成染色体。

第三，个体。染色体带有特征的实体称为个体。

第四，种群。多个个体组成群体，进化之初的原始群体称为初始种群。

第五，适应度。适应度是指用以估计个体好坏程度的解的目标函数值。

第六，编码。用二进制字符串表达所研究的问题的过程称为编码，除二进制编码外，还有浮点数编码等。

第七，解码。将二进制字符串还原成实际问题的解的过程称为解码。

第八，选择。以一定的概率从种群中选择若干对个体的操作称为选择。

第九，交叉。把两个染色体换组的操作称为交叉，又称重组。

第十，变异。让遗传因子以一定的概率发生变化的操作称为变异。

（二）遗传算法的操作

遗传算法的基本操作过程如图 4-3 所示。

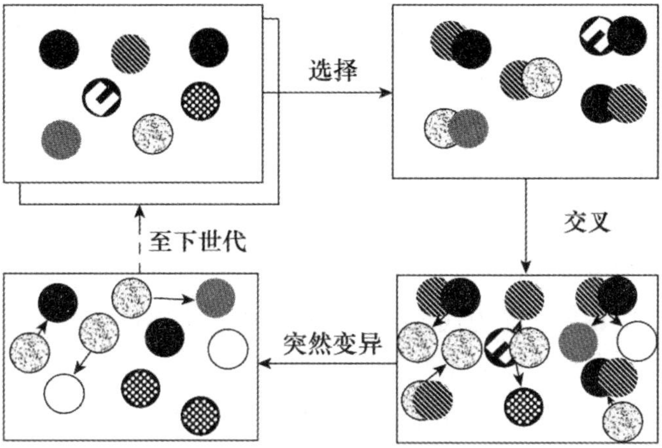

图 4-3 遗传算法的基本操作过程

（1）选择。选择又称复制，即从种群中按一定标准选定适合作亲本的个体，通过交配后复制出子代来。选择先要计算个体的适应度，然后根据适应度不同，有多种选择方法。①适应度比例法，利用比例于各个个体适应度的概率决定其子孙的遗留可能性；②期望值法，计算各个个体遗留后代的期望值，然后再减去 0.5；③排位次法，按个体适应度排序，利用对各位次预先已被确定的概率决定遗留后代；④精华保存法，无条件保留适应度大的个体，不受交叉和变异的影响；⑤轮盘赌法，类似于博彩中轮盘赌，按个体的适应度比例转化为选中的概率。

（2）交叉。交叉是把两个染色体换组（重组）的操作，交叉有多种方法：单点交叉、多点交叉、部分映射交叉、顺序交叉、循环交叉、基于位置的交叉、基于顺序的交叉和启发式交叉等。

（3）变异。基因以一定的概率将 0 变为 1、1 变为 0 的操作称为变异。变异有局部随机搜索功能，相对而言交叉具有全局随机搜索的功能。交叉和变异操作有利于保持群体的多样性，避免搜索初期陷于局部极值。

在选择、交叉和变异的三个基本操作中，选择体现了优胜劣汰的竞争进化思想，而优秀个体靠交叉和突然变异操作获得，交叉和变异实质上都是交叉。①

（三）遗传算法用于函数优化

1989年，高德伯格总结出的遗传算法称为基本遗传算法称简单的GA，它的构成要素包括四个方面。

（1）染色体编码方法：采用固定长度的二进制符号串表示个体，初始群体、个体的基因值由均匀分布的随机数产生。

（2）个体适应度评价：采用与个体适应度成正比的概率来决定当前群体中个体遗传下一代群体的机会。

（3）基本遗传操作：选择、交叉、变异（三种遗传算子）。

（4）基本运行参数：M为群体的大小，所包含个体数量为20～100；T为进化代数，一般取10～500；P_c为交叉概率，一般取0.4～0.99；P_m为变异概率，一般取0.000 1～0.1；1为编码长度，当用二进制编码时，长度取决于问题要求的精度；G为代沟，表示各群体间个体重叠程度的一个参数，即表示一代群体中被换掉个体占全部个体的百分率。

（四）遗传算法和模糊逻辑及神经网络的相互融合

1. 遗传算法在模糊推理中的主要应用

模糊推理虽然是一种善于表现推理对象知识的推理方法，但它本质上没有获取知识和学习的能力。将遗传算法和模糊推理相融合，能赋予模糊推理知识获取能力。

遗传算法应用于模糊推理时可分为三种情况：应用在推理规则的前件、应用在推理规则的后件、应用在推理规则的前件及后件。下面只探讨应用在前件的情况。

在模糊推理规则中，以后件用实数表示形式为例，设每条推理规则形式为：

$$\mu_i = \prod A_{ij}(x_i) \tag{4-13}$$

$$y = \frac{\sum \mu_i \cdot \omega_i}{\sum \mu_i} \tag{4-14}$$

其中，μ_i表示推理规则的适合度。

可以采用遗传算法来决定模糊推理规则数及前件模糊变量的隶属函数。

① 马超，邓超，熊尧，等.一种基于混合遗传和粒子群的智能优化算法[J].计算机研究与发展，2013（11）：2278-2286.

前件隶属函数用如图 4-4 所示的三角形隶属函数表示，它也可以用图中 0，1 的二进制字符串表示，其中 1 对应三角形的顶点位置。对于每个输入变量 x_i，其字符串表示为：

$$L_{i1},\ L_{i2},\ L_{i3},\ \cdots,\ L_{im}(i=1,\ 2,\ \cdots,\ n) \tag{4-15}$$

其中，L_{ir}（$i=1,\ 2,\ \cdots,\ m$）是取 0 或 1 的二值变量。于是，推理规则的前件模糊变量的隶属函数就可用 $n\times m$ 个二进制码链表示为：

$$L_{i1}\cdots L_{im}\cdots L_{21}\cdots L_{2m}\cdots L_{n1}\cdots L_{nm} \tag{4-16}$$

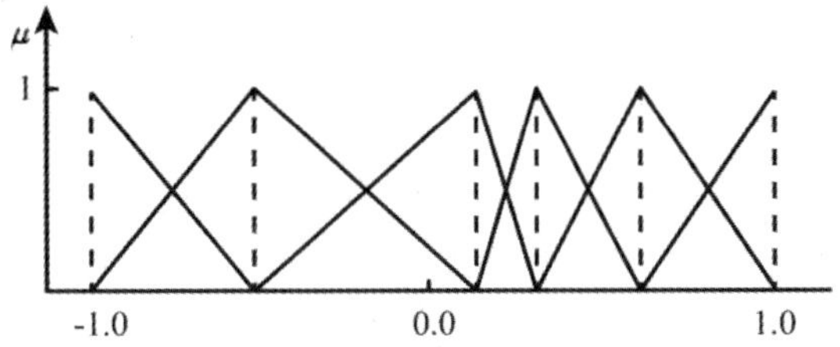

1	0	0	1	0	0	0	1	1	0	1	0	1

图 4-4 隶属函数及编码

把上述二进制码链作为遗传算法中的个体（染色体），它表示对输入空间的模糊分割。在遗传算法中为了评价由染色体（字符串）生成表现型的适应度，为此采用下述 *AIC* 信息量准则：

$$AIC=N\cdot\log\left[\frac{\sum(y_p-y_{rp})}{p}\right]^2+\left[\sum(N_i-2)+\prod N_i\right] \tag{4-17}$$

其中，p 表示学习用数据；y_p 为推理结果；y_{rp} 为输出数据；N_i 表示对应各输入变量 x_i 所分配的隶属函数的总数。于是，遗传算法中计算个体 s_r 的适应度 E_s 为

$$E_s=AIC_{\max}-AIC(s_r) \tag{4-18}$$

其中，

$$AIC_{\max}=AIC(s_r) \tag{4-19}$$

通过选择适应度高的个体组成新的群体（入口），再进入下一世代遗传操作，遗传算法的直观示意图如图 4-5 所示。通过若干世代遗传操作，可以获得达到要求的隶属函数优化参数，这正是通过遗传算法获取模糊推理知识的过程。

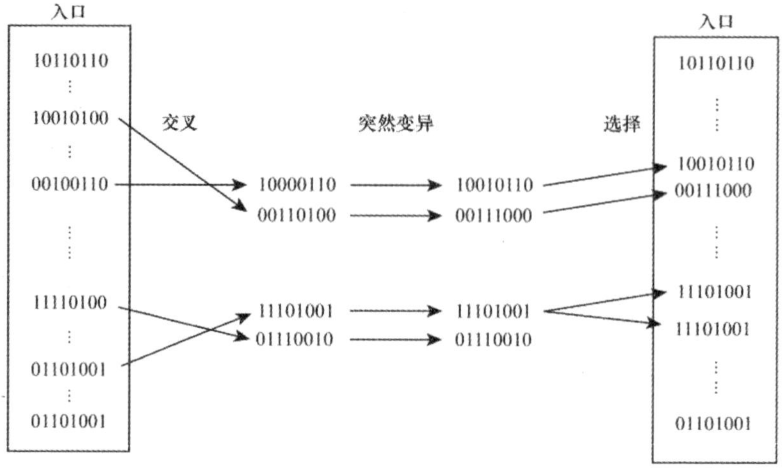

图 4-5 遗传算法示意图

2. 遗传算法和神经网络的相互融合

神经网络用于控制系统，当采用多层前向神经网络 BP 学习算法时，由于需要提供教师信号对网络训练，对时变系统这种训练难以达到很高精度。此外，由于 BP 算法采用梯度法易出现局部极小问题。因此，采用遗传算法优化神经网络连接权不仅能使网络增强学习功能，而且能使网络具有快速收敛性能。

设神经网络控制器由一个多层前向网络构成，为了用遗传算法学习整定前向网络的连接权，先将网络各连接权编码构成二进制字符串形式。假定网络的连接权预先已定义并限定变化范围，则网络各连接权的字符串表示的值和实际权值之间有如下关系：

$$W_t(i,j,k) = W_{\min}(i,j,k) + \frac{\text{binrep}(t)}{2^t - 1}\left[W_{\max}(i,j,k) - W_{\min}(i,j,k)\right] \quad (4\text{-}20)$$

其中，binrep（t）是由 1 位字符串所表示的二进制整数；$[W_{\max}(i,j,k) - W_{\min}(i,j,k)]$ 为各连接权的变化范围。

遗传算法优化神经网络连接权的学习流程分三步。

第一，随机产生一组二进制字符串，每一个字符串表示网络连接权的一个集合。

第二，将各二进制字符串根据式（4-20）译码成网络的各个连接权值，通过运行网络来评价网络的性能，可按下式概率值选择网络个体：

$$P_s = f_i^l \Big/ \sum_{i=1}^{N} f_i^l \quad (4\text{-}21)$$

其中，f_i^l 为 l 位二进制码表示的个体的适应度，它由具体问题决定。

第三，对被选择的网络以预先确定的概率值 P_c、P_m 进行交叉、突然变异等遗传组合，产生下一世代网络。

重复第二、第三两步操作，直到网络被遗传优化，并达到所要求的性能为止。

需要注意的是，只要突然变异概率 P_m 不等于零，遗传算法最终必能搜索到满足要求的网络，这是因为突然变异赋予了遗传算法全局收敛性能。

三、粒子群优化算法

（一）粒子群优化的思想

粒子群优化算法（以下简称 PSO 算法）又称微粒群算法，是模拟鸟类、鱼类等群体智能行为的进化算法。

自然界中许多生物体都具有群聚生存活动行为，以利于它们捕食及逃避追捕。因此，通过仿真研究鸟类群体行为时，要考虑三条基本规则。

第一，飞离最近的个体，以避免碰撞。

第二，飞向目标（食物源、栖息地、巢穴等）。

第三，飞向群体的中心，以避免离群。

鸟类在飞行过程中是相互影响的，当一只鸟飞离鸟群而飞向栖息地时，将影响其他鸟也飞向栖息地。鸟类寻找栖息地的过程与对一个特定问题寻找解的过程相似。鸟类的个体要向周围同类其他个体学习，模仿优秀个体的行为。因此，利用其解决优化问题的关键是处理好探索一个好解与利用一个好解之间的平衡关系，以解决优化问题的全局快速收敛问题。

这样就要求鸟类的个体具有个性，以使鸟儿之间不互相碰撞，又要求鸟类的个体知道找到好解的其他鸟并向它们学习。同样，人类的决策过程一方面要根据自己的经验，另一方面也要汲取他人的经验，这样有助于提高决策的科学性。

（二）粒子群优化算法的基本原理

PSO 算法的基本思想是模拟鸟类的捕食行为。假设一群鸟在只有一块食物区域内随机搜索食物，所有鸟都不知道食物的位置，但它们知道当前位置与食物的距离，最为简单而有效的方法是搜寻目前离食物最近的鸟所在的区域。PSO 算法从这种思想中得到启发，将其用于解决优化问题。

设每个优化问题的解都是搜索空间中的一只鸟，把鸟视为空间中的一个没有质量和体积的理想化“质点”，称为“微粒”或“粒子”，每个粒子都有一个由被优化函数所决定的适应值，还有一个速度决定它们的飞行方向和距离。然后粒子们追随当前的最优粒子在解空间中搜索最优解。

设 n 维搜索空间中粒子 i 的当前位置为 X_i，当前飞行速度为 V_i，及所经历的最好位置为 P_i（具有最好适应值的位置），分别表示为：

$$X_i=(x_{i1}, x_{i2}, \cdots, x_{in}) \tag{4-22}$$

$$V_i=(V_{i1}, V_{i2}, \cdots, V_{in}) \tag{4-23}$$

$$P_i=(P_{i1}, P_{i2}, \cdots, P_{in}) \tag{4-24}$$

对于最小化问题，若 $f(X)$ 为最小化的目标函数，则粒子 i 的当前最好位置确定为：

$$P_i(t+1)=\begin{cases} P_i(t) & 若 f[X_i(t+1)]\geqslant f[P_i(t)] \\ X_i(t+1) & 若 f[X_i(t+1)]< f[P_i(t)] \end{cases} \tag{4-25}$$

设群体中的粒子数为 S，群体中所有粒子所经历过的最好位置为 $P_g(t)$，称为全局最好位置，即

$$\begin{gathered} f[p_g(t)]=\min\{f[p_1(t)], f[p_2(t)], \cdots, f[p_s(t)]\}, \\ p_g(t)\in\{p_1(t), p_2(t), \cdots, p_s(t)\} \end{gathered} \tag{4-26}$$

基本粒子群算法粒子 i 的进化方程可描述为：

$$\begin{aligned} V_{ij}(t+1)=&V_{ij}(t)+c_1r_{1j}(t)[P_{ij}(t)-X_{ij}(t)] \\ &+X_{ij}(t)+c_2r_{2j}(t)[P_{gj}(t)-X_{ij}(t)] \end{aligned} \tag{4-27}$$

$$X_{ij}(t)=X_{ij}(t)+v_{ij}(t) \tag{4-28}$$

其中，$V_{ij}(t)$ 表示粒子 i 第 j 维第 t 代的运动速度；c_1，c_2 均为加速度常数；r_{1j}，r_{2j} 分别为两个相互独立的随机数；P_{ij} 为全局最好粒子的位置。

式（4-27）描述了粒子 i 在搜索空间中以一定的速度飞行，这个速度根据本身的飞行经历 [式（4-27）中右边第 2 项] 和同伴的飞行经历 [式（4-27）中右边第 3 项] 进行动态调整。

（三）粒子群算法的具体步骤

PSO 算法是以研究连续变量最优化问题为背景提出的。在问题求解中，每个粒子以其几何位置与速度向量表示，每个粒子参考自身所经历的最优方向和整个鸟群所公共认识的最优方向来决定自己的飞行。

每个粒子 X 可标识为：

$$X=\langle P, V\rangle=\langle 几何位置，速度向量\rangle \tag{4-29}$$

PSO 算法步骤具有四步。

第一，构造初始粒子群体。随机产生 n 个粒子 $X_i=\langle P_i,\ V_i\rangle$（$i=1,\ 2,\ \cdots,\ n$）。

$$\begin{aligned}X(0)&=[X_1(0),\ X_2(0),\ \cdots,\ X_n(0)]\\&=[\langle P_1(0),\ V_1(0)\rangle,\ \langle P_2(0),\ V_2(0)\rangle,\ \cdots,\ \langle P_n(0),\ V_n(0)\rangle]\end{aligned} \quad (4\text{-}30)$$

至 $t:=0$。

第二，选择。

（1）假定以概率 1 选择 $X(t)$ 每一个体。

（2）求出每个粒子 i 到目前为止所找到的最优粒子：

$$X_{ib}(t)=\langle P_{ib}(t),\ v_{ib}(t)\rangle \quad (4\text{-}31)$$

（3）求出当前种群 $X(t)$ 到目前为止所找到的最优粒子：

$$X_{gb}(t)=\langle P_{gb1}(t),\ v_{jb}(t)\rangle \quad (4\text{-}32)$$

第三，繁殖。对每个粒子 $X_i(t)=\langle p_i(t),\ v_i(t)\rangle$ 令

$$P_i(t+1)=P_i(t)+\alpha V_i(t+1) \quad (4\text{-}33)$$

$$\begin{aligned}V_i(t+1)=&c_1V_i(t)+c_2r_1(0,1)\left[P_{ib}(t)-P_i(t)\right]+\\&c_3r_2(0,1)\left[P_{gb}(t)-P_i(t)\right]\end{aligned} \quad (4\text{-}34)$$

由此形成第（t+1）代粒子群。

$$\begin{aligned}X(t+1)&=[X_1(t+1),\ X_2(t+1),\ \cdots,\ X_n(t+1)]\\&=(\langle P_1(t+1),\ V_1(t+1)\rangle,\langle P_2(t+1),\\&\quad V_2(t+1)\rangle,\cdots,\langle P_n(t+1),\ V_n(t+1)\rangle)\end{aligned} \quad (4\text{-}35)$$

第四，终止检验。如 $X(t+1)$ 已产生满足精度的近似解或达到进化代数要求，停止计算并输出 $X(t+1)$ 最佳个体为近似解。否则对于 $t:=(t+1)$ 转入第二步。

在上述式（4-34）中 $r_1(0,\ 1)$ 及 $r_2(0,\ 1)$ 分别表示（0，1）中的随机数；c_1 称为惯性系数，c_2 称为认知系数，c_3 称为社会学习系数，一般 c_2，c_3 在 0 ～ 2 之间取值，c_1 在 0 ～ 1 之间取值。

PSO 算法中粒子飞行方向校正示意图如图 4-6 所示，图中 $P_i(t)$ 是粒子 i 当前所处位置，$P_{ib}(t)$ 是粒子 i 到目前为止找到的最优粒子位置，$P_{gb}(t)$ 是当前种群 $X(t)$ 到目前为止找到的最优位置；$V_i(t)$ 是粒子 i 当前的飞行速度。

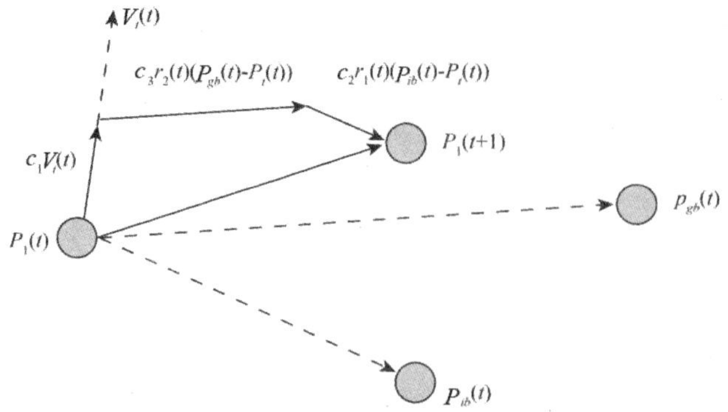

图 4-6 PSO 算法中粒子 i 飞行方向校正图

一个基本粒子群算法的流程如图 4-7 所示。

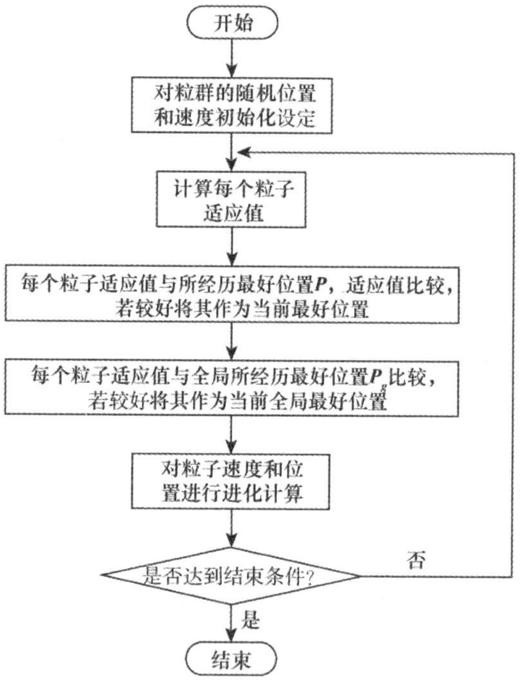

图 4-7 基本粒子群算法的流程图

4.PSO 算法的改进及应用

为了提高基本 PSO 算法的局部搜索能力、全局搜索能力和提高搜索速度，人们提出了许多改进方法。

（1）带有惯性因子的 PSO 算法。对于式（4-27）中 $V_{ij}(t)$ 项前加惯性权重 ω，一般选取：$\omega(t)$ =（0.9 ～ 0.5）t/[最大截至代数]。

此外对惯性因子可以在线动态调整，如采用模糊逻辑将 $V_{ij}(t)$ 表示成[低]、[中]、[高]三个模糊语言变量，通过模糊推理决定相应的加权大小。

（2）带有收缩因子的 PSO 算法。其表示为：

$$V_{ij}(t+1)=\mu V_{ij}(t)+c_1r_{1j}(t)\left[P_{ij}(t)-X_{ij}(t)\right]+c_2r_{2j}(t)\left[P_{gj}(t)-X_{ij}(t)\right] \tag{4-36}$$

$$\mu=\frac{2}{\left|2-l-\sqrt{l^2-4}\right|} \tag{4-37}$$

其中，收缩因子为：

$$l=c_1+c_2;\ l>4 \tag{4-38}$$

此外，通过引入遗传算法中的选择、交叉操作以及基于动态邻域（小生境）等方法对 PSO 算法加以改进。

虽然 PSO 算法是针对连续优化问题而提出的，但通过二进制编码可以得到离散变量的 PSO 形式，因此，它也可以用于离散系统的组合优化问题求解，如用于求解 TSP 问题等。PSO 算法还可以用于求解多目标优化问题，以及带约束优化、多峰函数优化、整数规则等问题。

四、免疫优化算法

（一）免疫学的相关知识

1. 免疫学的概念

生物免疫系统的主要功能是识别“自己”与“非己”成分，并能破坏和排斥“非己”成分，而对“自己”成分则能免疫耐受，不发生排斥反应，以维持机体的自身免疫稳定。免疫学的主要概念有十个。

（1）免疫应答：免疫系统识别并消灭侵入机体病原体的过程。

（2）抗原：能够诱导免疫系统发生免疫应答，并能与免疫应答的产物在体内或体外发生特异性反应的物质。抗原具备免疫原性和抗原性，抗原的免疫原性是指抗原分子能诱导免疫应答的特性，抗原的抗原性是指抗原分子能与免疫应答产物发生特异反应的特性。

（3）表位：抗原分子表面决定抗原特异性的特殊化学基团，又称为抗原决定簇。

（4）淋巴细胞：能够特异性识别和区分不同抗原决定簇的细胞，主要包括 T 细胞和 B 细胞两种。

（5）受体：位于 B 细胞表面的可以识别特异性抗原表位的免疫球蛋白。

（6）抗体：免疫系统受到抗原刺激后，识别该抗原的 B 细胞转化为浆细胞并合成和分泌可以与抗原发生特异性结合的免疫球蛋白。

（7）匹配：抗原表位与抗体或 B 细胞受体形状的互补程度。

（8）亲和力：抗原表位与抗体或 B 细胞受体之间的结合力，抗原表位与抗体或 B 细胞受体越匹配，二者间的亲和力越大。

（9）免疫耐受：免疫活性细胞接触抗原性物质时所表现的特异性无应答状态。

（10）免疫应答成熟：记忆淋巴细胞比初次应答的淋巴细胞具有更高亲和力的现象。

2. 免疫系统的主要组织结构

免疫器官是免疫细胞发生、发育和产生效应的部位，主要包括胸腺、腔上囊或类囊器官、骨髓、淋巴结、扁桃体及肠道淋巴组织。根据免疫器官作用的不同，可分为中枢免疫器官和外围免疫器官。

中枢免疫器官是 T 淋巴细胞和 B 淋巴细胞发生、发育和成熟的部位，包括骨髓和胸腺。骨髓是一切淋巴细胞的发源地，胸腺是 T 细胞发育和成熟的场所。外围免疫器官是成熟淋巴细胞受抗原刺激后进一步分裂和分化的场所，主要包括脾脏和淋巴结，成熟 B 细胞在其中受抗原刺激而分化，从而合成抗原特异性抗体。

免疫细胞主要在骨髓和胸腺中产生，从其产生到成熟并进入免疫循环需要经历一系列复杂变化。免疫细胞主要包括淋巴细胞、吞噬细胞，淋巴细胞又可分为 B 淋巴细胞和 T 淋巴细胞。

B 淋巴细胞是由骨髓产生的有抗体生成能力的细胞。B 淋巴细胞的受体是膜结合抗体，抗原与这些膜抗体分子相互作用可引起 B 细胞活化、增殖，最终分化成浆细胞以分泌抗体。

T 淋巴细胞产生于骨髓，然后迁移到胸腺并分化成熟。T 细胞可分为辅助性 T 细胞（Th）和细胞毒性 T 细胞（CTLs），它们只识别暴露于细胞表面并与主要组织相容性复合体（MHC）相结合的抗原肽链，并进行应答。在对抗原刺激的应答中，Th 分泌细胞因子，促进 B 细胞的增殖与分化，而 CTLs 则直接攻击和杀死内部带有抗原的细胞。

吞噬细胞起源于骨髓，成熟和活化后产生形态各异的细胞类型，能够吞噬外来颗粒如微生物、大分子以及损伤或死亡的自身组织，这类细胞在先天性免疫中起着重要的作用。

免疫分子包括免疫细胞膜分子，如抗体识别受体分子、分化抗原分子、主要组织相容性分子以及一些其他受体分子等，也包括由免疫细胞分泌的分子，如免疫球蛋白分子、补体分子以及细胞因子等。

3. 免疫机制与克隆相关选择理论

免疫系统的功能本质上是免疫细胞对内外环境的抗原信号的反应，即免疫应答。免疫应答是指免疫活性细胞对抗原分子的识别、活化、增殖、分化，以及最终发生免疫效应的一系列复杂的生物学反应过程，包括先天性免疫应答和适应性免疫应答两种。

先天性免疫应答是生物在种系发展和进化过程中逐渐形成天然防御机制，它可以遗传给后代，受基因控制，具有相对稳定性。先天性免疫应答的防御机制主要包括吞噬细胞对侵入机体的细菌和微生物的吞噬作用，以及皮肤、机体内表皮等生理屏障。

适应性免疫不是天生就有的，而是个体在发育过程中接触抗原后发展而成的免疫力，包括体液免疫和细胞免疫。这种免疫作用有明显的针对性，即机体受到某一抗原刺激后，通过适应性免疫应答获得免疫力。这种免疫力只对该特异抗原有作用，而对其他抗原不起作用。

20 世纪 50 年代，有学者提出了关于抗体形成的克隆选择学说，该学说得到了大量的实验证明，合理地解释了适应性免疫的应答机理。

克隆选择理论认为抗原的识别能够刺激淋巴细胞增殖并分化为效应细胞，受抗原刺激的淋巴细胞的增殖过程称为克隆扩增。B 细胞和 T 细胞都能进行克隆扩增，不同的是 B 细胞在克隆扩增中发生超突变，即 B 细胞受体发生高频变异，并且其效应细胞产生抗体，而 T 淋巴细胞不发生超突变，其效应细胞是淋巴因子、Tk 或 Th 细胞。B 细胞的超突变能够产生 B 细胞的多样性，同时也可以产生与抗原亲和力更高的 B 细胞。B 细胞在克隆选择过程中的选择和变异导致 B 细胞的免疫应答具有进化和自适应性质，B 细胞的克隆选择过程具体如下：

免疫系统中有大量 B 细胞，每个 B 细胞表面都有许多形状相同的受体，不同 B 细胞的受体各不相同。受体是 B 细胞表面上的抗体，它与抗原一样具有复杂的三维结构。这些 B 细胞由骨髓产生，若产生的 B 细胞能识别自身抗原，则该 B 细胞在其早期就被删除，因此，免疫系统中没有与自身抗原反应的成熟 B 细胞，这就是免疫系统的反向选择原理。

B 细胞的克隆选择过程如图 4-8 所示。

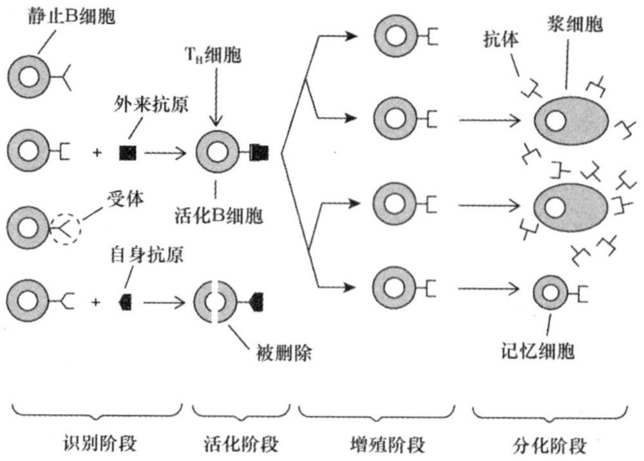

图 4-8 B 细胞的克隆选择过程图

当抗原侵入机体时，B 细胞的适应性免疫应答能够产生抗体。如果抗原表位与某一 B 细胞受体的形状互补，则二者间产生亲和力而相互结合，在 TH 细胞发出的第二信号作用下，该 B 细胞被活化。活化的 B 细胞进行增殖（分裂），增殖 B 细胞发生超突变，这一方面产生了 B 细胞的多样性，另一方面也可以产生与抗原亲和力更高的 B 细胞。免疫系统通过若干世代的选择和变化来提高 B 细胞与抗原的亲和力。产生的高亲和力 B 细胞进一步分化为抗体分泌细胞，即浆细胞，浆细胞产生大量的活性抗体用以消灭抗原。同时，高亲和力 B 细胞也分化为长期存在的记忆细胞。记忆细胞在血液和组织中循环但不产生抗体，当与该抗原类似的抗原再次侵入机体时，记忆细胞能够快速分化为浆细胞以产生高亲和力的抗体。记忆细胞的亲和力要明显高于初始识别抗原的 B 细胞的亲和力，即发生免疫应答成熟。

（二）人工免疫模型与人工免疫算法

（1）人工免疫模型。生物免疫系统的智能性和复杂性可与大脑相比，有“第二大脑”之称，从信息处理的观点看，生物免疫系统是一个并行的分布自适应系统，具有多种信息处理机制，它能够识别“自己”和“非己”，通过学习、记忆解决识别、优化和分类等问题。人工免疫系统没有统一的模型和算法结构，主要有独特型免疫网络模型、多值免疫网络模型和免疫联想记忆模型，后来又提出二进制模型及随机模型等。

（2）人工免疫算法。人工免疫算法主要包括反向选择算法、免疫遗传算法、克隆选择算法、基于免疫网络的免疫算法、基于疫苗的免疫算法。

第一，反向选择算法。免疫系统中的 T 细胞在胸腺中发育，与自身蛋白质发生反应的未成熟T细胞被破坏，所以成熟的T细胞具有忍耐自身的性质，不对自身蛋白质产生反应，只对外来蛋白质产生反应，以此来识别“自己”和“非己”，这就是所谓的反向选择原理。

反向选择算法是基于反向选择原理提出的，反向选择算法用于异常检测，该算法主要包括两个步骤：首先，产生一个检测器集合，其中每一个检测器与被保护的数据不匹配；其次，不断地将集合中的每一个检测器与被保护数据相比较，如果检测器与被保护数据相匹配，则据此判断数据发生了变化。

第二，免疫遗传算法。该算法实质上是一种改进的遗传算法，根据体细胞和免疫网络理论改进了遗传算法的选择操作，从而保持了群体的多样性，提高了算法的全局寻优性能。通过在算法中加入免疫记忆功能，提高了算法的收敛速度。

免疫遗传算法把抗原看作目标函数，抗体看作问题的可行解，抗体与抗原的亲和力看作可行解的评价值。该算法中引入了抗体浓度的概念，并用信息熵来描述，以表示群体中相似可行解的多少。该算法根据抗体与抗原的亲和力和抗体的浓度进行选择操作，亲和力高且浓度小的抗体选择概率大，从而抑制群体中浓度高的抗体，从而保持了群体的多样性。

第三，克隆选择算法。克隆选择算法是基于免疫系统的克隆选择原理提出的。免疫系统通过克隆选择过程产生抗体，当抗原侵入机体，被一些与之匹配的B细胞识别，这些B细胞分裂产生的子细胞在母细胞的基础上发生变化，以寻求与抗原匹配更好的B细胞，与抗原匹配更好的B细胞再分裂，如此循环往复，最终找到与抗原完全匹配的B细胞，这些B细胞变成浆细胞以产生抗体，这一过程就是克隆选择过程。克隆选择算法模拟这一过程进行优化计算。

第四，基于免疫网络的免疫算法。该算法是基于MHC（主要组织相容性复合体）和免疫网络理论提出的，它是一种自适应优化算法，用来解决多智能体中每个智能体的分配问题。该算法主要分两步：一是MHC区别“自己”和“非己”，消除智能体中的竞争状态；二是用免疫网络产生智能体的自适应行为。N-TSP问题的仿真表明，该算法具有自适应能力，并比遗传算法具有更高的搜索效率。

第五，基于疫苗的免疫算法。该算法是基于免疫系统的概念和理论提出的，该算法是在遗传算法中加入免疫算子，以提高算法的收敛速度和防止群体退化。免疫算子包括接种疫苗和免疫选择两部分，接种疫苗为了提高适应度，免疫为了防止种群退化。

（三）免疫应答中的学习与优化机理

在 B 细胞的适应性免疫应答中，通过选择和变化过程提高 B 细胞的亲和力，并进一步分化为浆细胞以产生高亲和力的抗体。

（1）免疫应答中的学习机理。免疫系统中的每个 B 细胞的特性由其表面的受体形状决定。体内 B 细胞的多样性极其巨大，其数量级为 $10^7 \sim 10^8$。若 B 细胞的受体与抗原结合点的形状可用 L 个参数来描述，则每个 B 细胞可表示为 L 维空间中的一点，整个 B 细胞都分布在 L 维空间中，称此空间为形状空间，如图 4-9 所示。抗原在形状空间中用其表位的互补形状来描述。

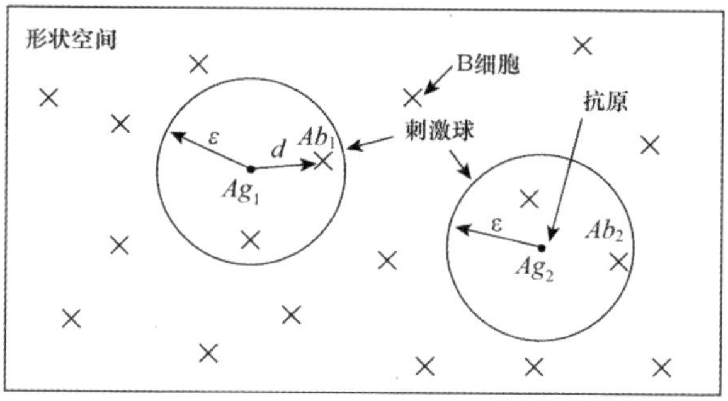

图 4-9 形状空间

利用形状空间的概念可以定量地描述 B 细胞、抗体与抗原之间相互作用力的大小。B 细胞与抗原的亲和力可用它们间的距离来定量表达，B 细胞与抗原距离越近，B 细胞受体与抗原表位形状的互补程度越大，二者间的亲和力越高。对于某一侵入机体的抗原（如图 4-9 中抗原 A_{g1} 与 A_{g2}），当体内的 B 细胞与它们的亲和力达到某一限值时才能被激活，被激活的 B 细胞大约为 B 细胞总数的 $1/10^5 \sim 1/10^4$ 分之一。这些被激活的 B 细胞分布在以抗原为中心，以 ε 为半径的球形区域内，称为该抗原的刺激球。

根据 B 细胞和抗原的表达方式不同，形状空间可分为欧几里得形状空间和哈明形状空间。假设抗原 A_{g1} 与 B 细胞 A_{b1} 分别用向量（ag_1，ag_2，…，ag_L）和（ab_1，ab_2，…，ab_L）描述，若每个分量为实数，则所在的形状空间为欧几里德形状空间，抗原与 B 细胞间的亲和力可表示为：

$$\text{Affininty}(Ag_1, Ab_1) = \sqrt{\sum_{i=1}^{L}(ab_i - ag_i)^2} \tag{4-39}$$

若 B 细胞和抗原的每个分量为二进制数，则所在的形状空间为哈明形状空间，B 细胞和抗原间的亲和力可表示为：

$$\text{Affininty}(Ag_1, Ab_1) = \sum_{i=1}^{L}\delta,\ 其中\delta=\begin{cases}1 & 若 ab_1 \neq ag_1 \\ 0 & 其他\end{cases} \quad (4\text{-}40)$$

生物适应性免疫应答中蕴含着学习与记忆原理，这可通过 B 细胞和抗原在形状空间中的相互作用来说明，如图 4-10 所示。

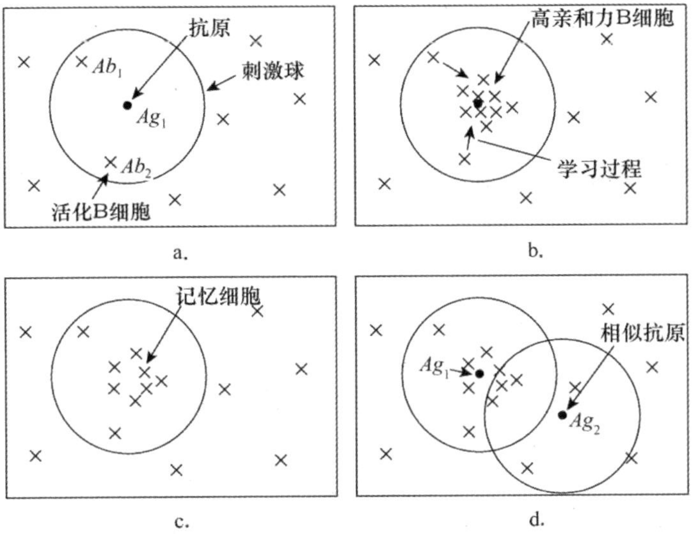

图 4-10 生物适应性免疫应答中蕴含着学习与记忆原理

对于侵入机体的抗原 Ag_1，其刺激球内的 B 细胞 Ab_1、Ab_2 被活化（如图 4-10a 所示）。被活化 B 细胞进行克隆扩增，产生的子细胞发生变化以寻求亲和力更高的 B 细胞，经过若干代的选择和变化，产生了高亲和性 B 细胞，这些 B 细胞分化为浆细胞以产生抗体消灭抗原（如图 4-10b 所示）。当偏差在一个特殊个体的生命周期中发展，免疫学家称之为学习。因此，B 细胞通过学习过程来提高其亲和力，这一过程是通过克隆选择原理实现的。抗原 Ag_1 心被消灭后，一些高亲和性 B 细胞分化为记忆细胞，长期保存在体内（如图 4-10c 所示）。当抗原 Ag_1 再次侵入机体时，记忆细胞能够迅速分化为浆细胞，产生高亲和力的抗体来消灭抗原，称为二次免疫应答。若侵入机体的抗原 Ag_2 与 Ag_1 相似，并且 Ag_2 的刺激球包含由 Ag_1 诱导的记忆细胞，则这些记忆细胞被激活以产生抗体，称这一过程为交叉反应应答（如图 4-10d 所示）。由此可见，免疫记忆是一种联想记忆。

（2）免疫应答中的优化机理。免疫系统通过 B 细胞的学习过程产生高亲和性抗体。从优化的角度来看，寻求高亲和性抗体的过程相当于搜索对于给定抗原的最优解，这主要通过克隆选择原理的选择和变异机制实现。B 细胞的变异机制除了超突变外，还有受体修饰，即超突变产生的一些亲和力低的或与自身反应的B细胞受体被删除并产生新受体。B细胞群体通过选择、超突变和受体修饰来搜索高亲和力B细胞，进而产生抗体，消灭抗原。

为便于说明免疫应答中的优化机理，假设B细胞受体的形状只需一个参数描述，即形状空间为一维空间。如图4-11所示，横坐标表示一维形状空间，所有B细胞均分布在横坐标上，纵坐标表示形状空间中B细胞的亲和力。在初始适应性免疫应答中，如果B细胞A与抗原的亲和力达到某一限值而被活化，则该B细胞进行克隆扩增。在克隆扩增的同时B细胞发生超突变，使得子细胞受体在母细胞的基础上发生变异，这相当于在形状空间中母细胞的附近寻求亲和力更高的B细胞。如果找到亲和力更高的B细胞，则该B细胞又被活化而进行克隆扩增。经过若干世代后，B细胞向上找到形状空间中局部亲和力最高点*A'*。

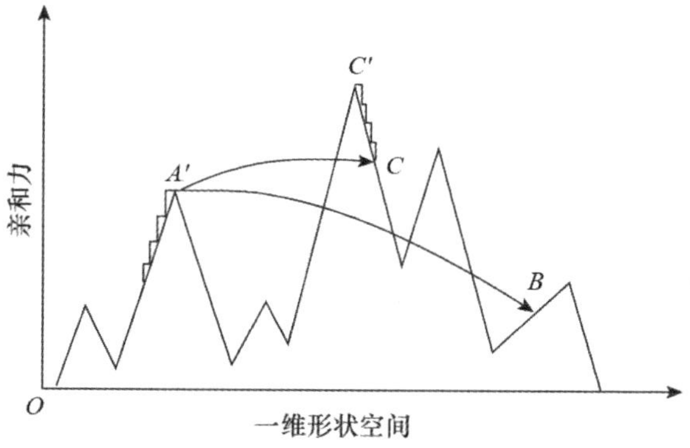

图4-11 免疫应答中的优化机理曲线图

如果B细胞只有超突变这一变化机制，那么适应性免疫应答只能获得局部亲和力最高的抗体，而不能得到具有全局最高亲和力的抗体。B细胞的受体修饰可以有效避免以上情况的发生。如图4-11所示，受体修饰可以使B细胞在形状空间中发生较大的跳跃，在多数情况下产生亲和力低的B细胞（如*B*点），但有时也产生亲和性更高的B细胞（如*C*点）。产生的低亲和力B细胞和与自身反应的B细胞被删除，而产生的高亲和力B细胞则被活化而发生克隆扩增。经过若干世代后，B细胞从*C*点开始，通过超突变找到形状空间中亲和力最高的B细胞。B细胞进一步分化为浆细胞，产生大量高亲和力的抗体以消灭抗原。

因此，适应性免疫应答中寻求高亲和力抗体是一个优化搜索的过程，其中超突变用于在形状空间的局部进行搜索，而受体修饰用来脱离或避免搜索过程中陷入形状空间中的局部最高亲和力。

（四）免疫优化算法的实际应用

免疫优化算法在很多领域得到广泛应用，主要包括控制工程、故障诊断、异常检测、优化计算等。

（1）控制工程。生物免疫系统可以处理各种扰动和不确定性，这一性质为研究提高控制系统的自适应性、鲁棒性提供了新的思路。免疫网络模型的识别与学习机理可用于机器人的行为决策。免疫网络模型中的免疫机理还可用于协调多个机器人的行为决策。

（2）故障诊断。免疫网络理论和反向选择原理可用于设计故障诊断方法。有学者用独特型免疫网络诊断热传感器的故障，网络中的每个结点代表一个传感器，各对应一个状态，结点间的连接权值表示各结点间的关系，根据结点的状态判断传感器是否故障。该方法的特点是通过传感器的相互识别来判断故障的传感器。

（3）异常检测。有学者用反向选择算法检测时间序列数据中的异常，被监测系统的正常行为模式定义为“自己”，观测数据中任何超过一定范围的变化被认为是“非己”，也就是异常。这种方法需要足够多的正常行为模式数据来构造检测器集合。

（4）优化计算。上述的免疫遗传算法、克隆选择算法等免疫学习算法可用于优化计算。与已有的优化算法相比，这些免疫优化算法各有独特的优点，有些已在工程优化设计中得到应用，如优化电磁设备的外部形状以及同步电动机的参数，以解决生产调度、电网规划等问题。

此外，人工免疫系统还被广泛用于模式识别、机器学习、数据挖掘、多智能体和数据分析等领域。

第五章 计算机监控系统与射频识别技术

计算机监控是一门涉及多学科和新技术的综合性科学技术，利用数字电子计算机代替传统自动控制系统中的控制器和控制方法，对自动化生产过程进行监控；而射频识别技术在工业现场中应用，尤其是在工厂物流过程中应用，对提高工业自动化水平、保证安全运行、提高经济效益、促进技术进步都具有十分重要的意义。本章论述计算机监控系统、计算机监控组态软件、自动识别与射频识别技术、工业机器人及其控制系统。

第一节 计算机监控系统

计算机监控技术是一门综合性的技术，它是计算机技术（包括软件技术、接口技术、通信技术、网络技术、显示技术）、自动控制技术、自动检测和传感技术的综合应用。

所谓计算机监控，就是利用传感装置将被监控对象中的物理参量（温度、压力、流量、液位、速度）转换为电量（电压、电流），再将这些代表实际物理参量的电量送入输入装置中，将其转换为计算机可识别的数字量，并且在计算机的显示装置中以数字、图形或曲线的方式显示出来，从而使得操作人员能够直观而迅速地了解被监控对象的变化过程。[①]

除此之外，计算机还可以将采集到的数据存储起来，随时进行分析、统计和显示并制作各种报表。如果还需要对被监控对象进行控制，则由计算机中的应用软件根据采集到的物理参量的大小和变化情况以及按照工艺要求对该物理量的设定值进行判断，然后在输出装置中输出相应的电信号并且推动执行装置（调节阀、电动机）动作，从而完成相应的控制任务。

自 1946 年世界上第一台电子计算机诞生至今才半个多世纪，计算机监控系统却已有 60 多年的历史。1956 年，美国首先研究了用于军事测试项目的计算机监控系统。由于这种系统的性能优良、使用方便，从它问世以后

① 吴群，王田，王汉武 . 现代智能视频监控研究综述 [J]. 计算机应用研究，2016（6）：1601-1606.

立即获得迅速发展，已覆盖了数据自动监测、采集、处理和自动控制系统等领域。

近年来，由于计算机的性能不断提高，价格不断下降，使计算机技术迅速地渗透到各个领域，与监控系统相关的外围部件如模－数转换，串－并通信和并－串通信部件等也有了迅速发展。计算机监控系统在许多行业都得到较为广泛的应用，如电力、石油、冶炼、化工和交通及其他行业。使用计算机监控技术以后，对稳定生产过程、改善产品质量、提高产量、降低成本、合理地安排生产、提高劳动生产率、改善生产环境、减轻劳动强度等方面，都有显著的作用。

计算机监控技术的发展为各个行业建立和使用计算机监控系统提供了有利的条件。国内外已经成批生产了一些这方面的硬件设备，许多单位也研制和开发了相关的一些系统软件和应用软件，各个行业的专业人员和研制计算机软硬件的技术人员必须相互结合，共同进行有关开发和应用工作，才能使所建立的计算机监控系统具有实效。

一、计算机监控系统的功能及特点

（一）计算机监控系统的功能

计算机监控系统是以监测控制计算机为主机，与检测装置、执行机构、被监测控制的对象（生产过程）共同构成的整体。在这个系统中，计算机直接参与生产过程的检测、监督和控制，或者说应具有下述三方面的功能：

（1）采集与处理功能。计算机监控系统主要是对生产过程的参数进行检测、采样和必要的预处理，并以一定的形式输出（打印制表和 CRT 屏幕显示），为生产人员提供翔实的数据，以便于他们分析、了解生产情况，监视生产过程的进行。

（2）监督功能。计算机监控系统将检测的实时数据、人工输入的数据等信息进行分析、归纳、整理、计算等二次加工，并制成实时和历史数据库加以存储。根据实际生产过程的需求及生产进程的情况，进行工况分析、故障诊断、险情预测，并以图、文、声等多种形式及时做出报道，以进行操作指导、事故报警。

（3）控制功能。计算机监控系统在检测的基础上进行信息加工，根据事先决定的控制策略形成控制输出，直接作用于生产过程。

完整的计算机监控系统是上述三种功能的综合集成，它利用计算机高速度、大容量和智能化的特点，可以把一个复杂的生产过程组织管理成为一个综合、完整、高效的自动化整体。在实际使用中，根据实际对象的需求情况，计算机监控系统只具有上述一项或两项功能，或是以某一项为主，而辅以其他功能。这样可以更针对实际应用的需要，以降低成本，减少复杂性，增强可维护性。

（二）计算机监控系统的特点

计算机监控系统具有如下特点：

（1）实时性。实时性是计算机监控系统区别于普通（通用）计算机系统的关键特点，也是衡量计算机监控系统性能的一个重要指标。实时性具有三层含义：①实时性是系统对外界激励（事件）及时做出响应的能力，即系统能在多长时间内响应外部事件的发生；②系统在所要求的时间内完成规定任务的能力；③实时是与分时相对应的。

（2）可靠性。可靠性是指计算机监控系统的无故障运行能力。工业生产在连续运行，计算机监控系统也必须同步连续运行，对过程进行监测和控制。即使系统由于其他原因出现故障，计算机监控系统仍能做出实时响应并记录完整的数据。可靠性常用平均无故障运行时间即平均故障间隔时间来定量地衡量。

（3）可维护性。可维护性是指进行维护工作时的方便快捷程度。计算机监控系统的故障会影响工业生产过程的正常操作，有时会大面积地影响生产过程的进行，甚至使整个生产瘫痪。因此，方便地维护计算机监控系统的正常运行、在最短时间内排除它的故障成为计算机监控系统的重要特点。

（4）过程量采集及输出。计算机监控系统的一个突出特点是具有强大的 I/O 功能，即大量的现场信息可直接从工业现场采集并送入计算机中。从当前已有的应用来看，现场信息有两大类：

第一，数据信息。数据信息主要有三种类型的数据输入信号：模拟量输入（AI）、开关量输入（SI）、脉冲量输入（PI）。模拟量输入通道接收现场连续变化的信息（如电压、电流、电阻等），其输入经过放大、隔离、模/数变换等处理后变成数字量才能进入计算机。开关量输入通道接收现场“通/断”两个状态信息（如表示阀门开关、设备启停、刀闸分合等状态的无触点开关或继电器开关）。脉冲量输入不是开关状态，也不是连续变化的模拟量，而是脉冲序列。脉冲量输入通道通常具有计数功能以接收脉冲序列信息，这种信息有时直接代表某些物理量（如传递），有时以它的累计值表示某些物理量（如电量）。

对应于三种类型的数据输入信号，有三种类型的数据输出信号：模拟量输出（AO）、开关量输出（SO）、脉冲量输出（PO）。它们用来控制执行机构，或送到有关的显示、报警、记录设备中。

第二，图像信息。由于多媒体技术和信息处理技术的进步，近年来图像信息也进入工业监控领域，而且起着数据信息不能替代的作用。最常用的获取图像信息的设备是工业摄像机，它摄取的视频图像通过视频处理卡后可直接进入计算机。在常规的使用中，视频图像是直接输出到屏幕上做显示的。在最近的技术发展中，视频图像经图像处理后再进行显示，或再与数据信息进行融合后作为控制信号使用。

（5）人机交互功能。在计算机监控系统中，人机交互的方式比较丰富，特别是在复杂、大型、综合、连续的生产过程中，操作人员在短时间内接收多个信息，进行分析判断，完成有关操作。因此，要求监控系统具有多种而不是单一的人机交互方式，除常规的键盘、鼠标、CRT 显示器外，通常还有触摸屏、专用键盘、大屏幕显示、语音等。

（6）通信功能。通信主要是指在监控系统中，计算机之间、相同类型或不同类型总线之间以及计算机网络之间的信息传输。在实际应用中，往往有多种类型的多台监控计算机在一起联合工作，这时就需要在计算机之间进行通信，实时、可靠地传递信息。特别是在分级计算机监控系统、分布式计算机监控系统中，通信是一个非常重要的问题。

（7）信息处理和控制算法。在设计计算机监控系统时，信息处理和控制算法的设计、开发、调试是最核心的内容，也是最花费时间的工作，它占据了开发、调试的大部分工作量。信息处理和控制算法主要是软件工作，这些软件的开发编制除了和采用的操作系统、软件开发工具有关外，还和硬件（特别是接口部件）以及生产工艺有密切关系。因此，监控系统的软件开发往往难度更大，它要求开发设计人员具有更全面和广泛的知识。

二、计算机监控系统的组成及分类

（一）计算机监控系统的组成

计算机监控系统的组成有多种划分方法，最简单地，可以分为硬件和软件两个部分。一般地，一个计算机监控系统由以下几个部分组成：计算机（含可视化的人机界面）、输入输出装置（模块）、检测、变送机构、执行机构。

硬件主要由计算机、输入输出装置、检测变送装置和执行机构四大部分组成，软件主要分为系统软件、开发软件和应用软件三大部分。

计算机的硬件主要包括主机、显示器、键盘和打印机；计算机的软件主要包括操作系统、组态软件、数据库和应用软件，其中应用软件通常具有控制模块、输入输出处理、逻辑控制模块、通信、报警处理、显示处理、报表打印等功能。

输入输出装置主要是指模拟量、开关量和脉冲量的输出，以及模拟量、开关量、计数脉冲的输入，其中脉冲输出主要有三种：步进电机脉冲输出、移相触发脉冲输出和 PWM 脉冲输出。

检测变送装置的种类取决于所检测的物理量，包括热电偶、热电阻、温度、液位、亮度、浓度、厚度、位移、pH、电压、电流、频率、功率等。而常用的执行机构主要有调节阀、电磁阀、交流电机、直流电机、步进电机及功率放大装置、继电器、接触器、指示灯等。

虽然监控对象有所不同，但其一般都包括以下几个功能组成部分：

（1）数据采集和变换部分。计算机监控系统具有数据采集和变换的部件，用来采集现场的实时数据，如温度、流量、压力、液位、电压、电流、功率等需要监测的运行参数，还包括一些表示“开”或“关”两种状态的开关量。通常把这些采集到的模拟量或状态实时地变换成计算机能够接收的代码形式。模拟量变换器包括 A/D 变换器和开关量变换器。

（2）实时监视工作情况的部分。计算机接收到现场各种实时数据以后，以运行管理人员习惯使用的图表形式将各种现场数据用显示器实时显示出来，使运行人员、管理人员能从显示的图表或数据中及时地了解和掌握现场的情况。有了这部分以后，尽管现场地域广阔，或监视对象较多，或者有些设备的工作条件特殊，如高温、多尘等环境，管理人员都可以集中在计算机控制室中进行实时集中监视、统一管理。

（3）越限报警部分。计算机在对现场的实时运行数据进行监视的同时，还将各项实时数据与预先设定该项数据的上限值和下限值逐个进行比较，如果发现某些数据超出上限或下限，则在显示图形上以醒目的方式，如用特殊的颜色将该数据显示出来，也可以同时用声音提醒运行人员注意，并及时处理，以使这些工作数据尽快回到正常状态的数值范围内，即回到正常要求的上、下限值以内的数值。

（4）保存运行数据的档案部分。计算机将收集到的监控对象的运行数据进行统计和整理，将发生的各种故障、故障发生的时间和故障出现的过程，以及越限等数据，记入历史档案。

（5）日运行情况的制表打印部分。为了便于分析监控系统的监视对象，接收监控对象的运行情况和工作效率，通常把监控对象的重要运行参数的变化情况根据管理的要求编制日运行工作情况记录表，以便当日分析使用。

（6）集控部分。计算机监控系统根据实际运行情况的需要，可以对监控对象进行控制，以便改变监控对象的工作状态。这种集中通过计算机的控制，应该选取一些主要的和重要的操作控制，和工作环境不便于就地人工操作的控制。没必要把所有的操作控制都集中由计算机控制系统来完成，以减少投资和提高系统的可靠性。

（二）计算机监控系统的分类

根据对象的不同，监测控制要求、系统的监测控制功能和基本特点，计算机监控系统可分为下列四类：

（1）计算机监测系统。计算机监测系统又称计算机数据采集与处理系统，它的主要功能是以计算机为核心对生产过程的参数和工况进行巡回检测。监测系统的输出不直接作用于生产进程的执行机构，不直接影响生产进程的进行，它是一个开环监测系统。生产进程的控制和调节由人工完成。

（2）计算机监督系统。计算机监督系统具有分析决策功能，它在检测系统的基础上，发挥计算机智能的特点，充分利用计算机快速计算、大容量记忆、综合分析、逻辑判断等功能，对预处理后的信息进行二次加工。

（3）计算机控制系统。计算机控制系统又称直接数字控制系统，它的特点是具有自动控制功能，即由计算机直接对生产过程进行控制。它是在监测系统的基础上根据事先决定并存储在计算机中的一种或多种控制策略输出控制信息，直接作用在执行机构上，完成自动控制和调节功能。它是一个闭环系统，不仅有从生产过程送至计算机系统的检测信息通道，而且有从计算机系统送至生产过程的控制信息通道。

（4）计算机监控系统。计算机监控系统综合了上述三种系统的功能，由计算机完成输入处理、信息加工、分析决策以及输出控制调节。

三、计算机监控系统的体系结构

近年来计算机监控系统有了较大的发展，从整个发展过程来看，硬件结构从集中式向分布式发展。目前除了少数系统因监控对象少，位置又相对集中，采用集中式结构外，许多计算机监控系统为适应现代化规模较大的监控对象，都采用分布式结构。

传统的监控系统是集中结构式监控系统。所谓集中结构是指由单一的计算机完成控制系统的所有功能和对被控对象实施控制的一种系统结构。显然，这种结构对计算机的要求极高，它必须有足够的处理能力和极高的可靠性，以保证功能的实现和系统的安全，这种系统的优点是系统的整体性、协调性好。由于采用集中的方式，所有现场状态集中在一个计算机上处理，因此，中央计算机可以根据全面情况进行控制和判别，在控制方式、控制时机的选择上可以进行统一的调度和安排。而 DCS 即所谓分布式控制系统（也称之为集散系统）是相对于集中式控制而言的一种新型计算机控制系统，它是在集中式控制系统的基础上发展、演变而来的。DCS 在系统的处理能力和系统的安全性方面明显优于集中系统，这是由于 DCS 使用多台计算机分担了控制的功能和范围，使处理能力大大提高，并将危险分散。由于 DCS 的上述优点，现在它已成为计算机监控系统的主流结构。

（一）集中式计算机监控系统的体系结构

集中式计算机监控系统的结构比较简单，通常采用一台计算机或两台计算机（为了提高系统的可靠性，采用双重冗余）来实现将过程数据输入输出、实时数据库的管理、实时数据的处理与保存、历史数据库的管理、历史数据处理与保存、人机界面的处理、报警与日志记录、报表直至系统本身的监督管理等功能集中在一起。

系统中的计算机通过输入输出模块获取外界的过程信号，并把它们转化为计算机可以识别的数字信号，然后通过计算机的人机界面显示其值，并根据控制算法，经执行机构来控制被监控对象。

集中式计算机监控系统的优点是结构简单、清晰，集中数据库很容易管理，并容易保证数据的一致性，但其缺点很多。①各种功能集中在一台计算机中，使软件系统相当庞大，各种功能由很多实时的任务去完成，而任务数量的增加将导致系统开销增大，使计算机运行效率下降。②由于集中式系统需要庞大而复杂的软件体系，使得系统的软件可靠性下降，实际运行情况表明，集中式系统在现场运行时出现故障的概率约为 70%。以上这些问题是由于设计不良或存在缺陷的软件造成的，因此尽管很多集中式系统为了保证系统的可靠性而精心设计了双重冗余与备份，但仍然避免不了故障的出现，甚至增加了冗余的系统，故障率反而高于没有冗余的系统，究其原因，均是由软件引起的问题。③系统的可扩充性差。限于计算机硬件的配置与能力，一个系统在建立时基本上就已经确定了其最终能力。如果能预见到其规模的扩充，只有预留计算机的处理能力，这将造成很大的投资浪费。④集中式系统将所有的功能、所有的处理集中在一台计算机上，大大增加了计算机失效或故障对整个系统造成的危害性，所有实时信息、历史数据和处理功能集于一身，一旦出现问题，造成的后果将是全局性的。

（二）分布式计算机监控系统的体系结构

虽然不同的分布式计算机监控系统存在着许多差异，但其核心结构基本上是一致的，它们都是分布式控制系统（DCS）。DCS 一般由四个基本部分组成，即系统网络、现场 I/O 控制站、操作员站和工程师站。在 DCS 中，现场 I/O 控制站、操作员站和工程师站都是由独立的计算机构成的，这些完成特定功能的计算机称为节点。

DCS 的系统网络是 DCS 的骨架，网络对 DCS 整个系统的实时性、可靠性和扩充性起着决定性的作用。对于 DCS 的系统网络来说，它必须满足实时性的要求，即无论在何种情况下，信息的传送必须在某个确定的时间限度内完成。同时系统网络还必须可靠，无论在何种情况下，网络通信都不能中断。为了满足扩充性的要求，系统网络可接入最大节点数量应比实际使用的节点数量大若干倍。DCS 的多个节点靠系统网络很好地连接才能够协调运作，因此，许多厂商都对 DCS 的系统网络进行了精心设计。

DCS 的 I/O 控制站的主要功能是：①将各种现场发生的过程参量进行数字化，然后将本站采集到的实时数据通过系统网络传送到操作员站、工程师站和其他现场 I/O 控制站；②在本站实现局部自动控制、回路计算及闭环控制、顺序控制等；③接收操作员站、工程师站发送的信息，实现对过程参量的自动控制或对本站参数的设置。

一般一套 DCS 中应设置多个现场 I/O 控制站，用以分担整个系统的 I/O 和控制功能，这样可以避免因一个站点失效而造成整个系统失效，从而提高了系统的可靠性。同时也可以使各站点分担数据采集和控制功能，有利于提高整个系统的性能。

DCS 的操作员站的主要功能是为操作员提供人机接口，使操作员能及时全面地了解现场运行状态、各种运行参数的当前值等信息，并且可以通过操作员站的输入设备，如鼠标、键盘、触摸屏等，对生产过程进行控制和调节，以保证生产过程安全、可靠、高效、高质的运行。操作员站除了可以监视生产过程的运行状态外，还可以监视控制系统本身各个设备的运行状态，如测量、智能传感器和智能执行机构是否正常和完善等。

DCS 的工程师站的主要功能是对 DCS 进行离线的组态工作和在线的系统监督、控制和维护。工程师站提供了对 DCS 进行组态工作的工具软件（组态软件），并在 DCS 在线运行时，实时地监控 DCS 网络上各个节点的运行情况，使系统工程师可以通过工程师站及时调整系统配置及一些系统参数的设置。与集中式控制系统相比，大多数 DCS 都有系统组态的功能。

分布式监控系统和集中式监控系统相比较，各有不同的特点，分述如下：

（1）分布式监控系统是一相互通信的多计算机系统，而集中式监控系统是由单机或双机组成的系统。因此，分布式监控系统处理能力强、速度快，但结构较复杂。集中式监控系统的结构较简单，一切工作都由主机完成，因而处理能力小、速度慢。

（2）分布式监控系统需使用多台计算机，在硬件投资上，从计算机部分的投资统计，要比集中式多，但综合考虑传输电路和通信通道的费用，因集中式监控系统需要大量的数据传输电缆，硬件费用增加，而分布式监控系统则是多个控制对象组成一个对象组，只需要一条通道。特别是监控对象相对分散，与主机的距离较远时，分布式监控系统的总投资比集中式监控系统低。

（3）分布式监控系统多采用多计算机互连通信，通信方式具有高的抗干扰能力。而集中式监控系统的监控对象和主机间传送的模拟电压和脉冲电压容易受到干扰。

综上所述，当监控对象数目较多，位置相对分散，距离主控室较远时，分布式监控系统具有较高的性价比。所以，现代一般规模较大的监控系统都采用分布式。

四、计算机监控系统的串行接口

串行通信方式是计算机监控软件与 I/O 设备之间最常用的一种数据交换方式。串行通信方式使用计算机的串口，I/O 设备通过 RS-232 串行通信电缆连接到监控计算机的串口，它最多可与 32 个串口设备相连。

任何具有串行通信接口的 I/O 设备都可以采用此方式，大多数的可编程控制器、智能模块、智能仪表均采用此方式。串口是计算机与外部设备进行数据交换的重要介质，其具有连接简单、使用方便、数据传输可靠等优点，因此，在工业监控、数据采集和实时控制系统中得到了广泛的应用。在进行串行通信设计时，为了保证通信正常工作，必须设计正确的 RS-232C 电缆的连接方式，这就需要对 RS-232C 协议标准十分熟悉，因此，很有必要对其进行简单论述。

（一）计算机串口

串口是计算机上一种非常通用的设备通信协议（不要与通用串行总线或者 USB 混淆）。大多数计算机包含两个基于 RS-232 的串口。串口同时也是仪器仪表设备通用的通信协议，很多通用接口总线（GPIB）兼容的设备也带有 RS-232 串口。同时，串口通信协议也可以用于获取远程采集设备的数据。

串口通信的概念非常简单，串口按位发送和接收字节。尽管这比按字节的并行通信慢，但是串口可以在使用一根线发送数据的同时用另一根线接收数据，它很简单并且能够实现远距离通信。如 IEEE488 定义并行通行状态时，规定设备线不得超过 20m，并且任意两个设备间的长度不得超过 2m，而对于串口而言，长度可达 1 200m。

典型地，串口用于 ASC Ⅱ码字符的传输。通信使用 3 根线完成：①地线；②发送；③接收。由于串口通信是异步的，端口能够在一根线上发送数据同时在另一根线上接收数据。其他线用于握手，但不是必须的。串口通信最重要的参数是波特率、数据位、停止位和奇偶校验。对于两个进行通行的端口，这些参数必须匹配。

（1）波特率是一个衡量通信速度的参数，它表示每秒传送的位的个数。例如，300 波特表示每秒发送 300 个位。当人们提到时钟周期时，人们指的是波特率，如如果协议需要 4 800 波特率，那么时钟周期是 4 800Hz，这意味着串口通信在数据线上的采样率为 4 800Hz。通常电话线的波特率为 14 400、28 800 和 36 600。波特率可以远远大于这些值，但是波特率和距离成反比。高波特率常常用于放置很近的仪器间的通信，典型的例子就是 GPIB 设备的通信。

（2）数据位是衡量通信中实际数据位的参数。当计算机发送一个信息包，实际的数据不会是 8 位的，标准值是 5、7 和 8 位，如何设置取决于想传送的信息。例如，标准 ASC Ⅱ码是 0 ～ 127（7 位），扩展 ASC Ⅱ码是 0 ～ 255（8 位）。如果数据使用简单的文本（标准 ASC Ⅱ码），那么每个数据包使用 7 位数据。每个包是指一个字节，包括开始 / 停止位、数据位和奇偶校验位。由于实际数据位取决于通信协议的选取，“术语包”指任何通信的情况。

（3）停止位用于表示单个包的最后一位，典型的值为 1、1.5 和 2 位。由于数据是在传输线上定时的，并且每一个设备有自己的时钟，很可能在通信中两台设备间出现小小的不同步情况。因此，停止位不仅是表示传输的结束，而且提供计算机校正时钟同步的机会。适用于停止位的位数越多，不同时钟同步的容忍程度越大，但是数据传输率也越慢。

（4）奇偶校验位在串口通信中是一种简单的检错方式，有四种检错方式：偶、奇、高和低。当然没有校验位也是可以的，对于偶和奇校验的情况，串口会设置校验位（数据位后面的一位），用一个值确保传输的数据有偶数个或者奇数个逻辑高位。例如，如果数据是 011，那么对于偶校验，校验位为 0，保证逻辑高的位数是偶数个。如果是奇校验，校验位为 1，这样就有 3 个逻辑高位。高位和低位不真正地检查数据，简单置位逻辑高或者逻辑低校验，这样使得接收设备能够知道一个位的状态，有机会判断是否有噪声干扰了通信或者是否传输和接收的数据不同步。

（二）RS-232C 的接口信号

RS-232C 协议标准并未定义连接器的物理特性，目前常用的连接器主要有数据通信设备（DB-25）和 DB-9，串口引脚有 25 针和 9 针两类。一般个人电脑中使用的都是 9 针的接口，25 针串口具有 20mA 电流接口功能，用 9、11、8、25 针来实现。

（1）数据设备准备就绪（DSR），ON 状态，高电平有效（下同），表明数据通信设备（DCE）准备就绪，可以接收数据。它并不表示已建立端到端的连接，而只是表明本地 DCE 的状态。

（2）数据终端就绪（DTR），表明数据终端设备（DTE）已准备就绪。

（3）请求发送（RTS），该信号和 CTS 一起提供了控制 DTE 与 DCE 之间数据流的一种方法。当 DTE 要求发送数据或者从接收模式切换到发送模式时，发出该信号，以通知 DCE，DTE 请求发送数据。

（4）允许发送（CTS），当 DTE 发送 RTS 信号请求发送数据后，不能立即发送数据。因为 DCE 不可能在瞬间完成线路的切换，因而 DTE 必须检测 CTS 信号。当 DCE 向 DTE 发送 CTS 信号后，表明 DCE 已切换到接收模式，这时 DTE 才可以发送数据。

（5）振铃指示（RI），当 DCE 检测到线路上有振铃信号时，发出该信号（使该信号有效），然后通知 DTE 有一个远程呼叫。

（6）数据载波检测（DCD），它表示 DCE 接收到远程载波，通信线路已连接，此时数据传输可以进行。DCE 通过发出 DCD OFF 信号通知 DTE 拆除连接。只有当 DTE 的 RTS、CTS、DSR、DTR 四个信号都有效时，DTE 才能向 DCE 发送串行数据。

（三）连接与配置串口的 I/O 设备

在最简单的情况下，监控计算机只与一个 I/O 设备相连。I/O 设备使用标准的 RS-232 电缆与计算机主机后面的串口连接，当组态计算机与多个 I/O 设备相连时，由于 RS-232 是一个点对点的标准，可以将 RS-232 转化为 RS-485，再经过一次 RS-485 到 RS-232 的转化，实现一个计算机串口连接多个 I/O 设备。

利用监控软件的设备配置向导就可以完成串行通信方式的I/O设备安装，安装过程简单、方便。在配置过程中，用户需选择 I/O 设备的生产厂家及设备型号、连接方式，为设备指定一个设备名，设定设备地址和串口。

五、计算机远程监控系统概述

计算机远程监控系统传统上也叫“三遥”或“四遥”系统，当前也称为分布式数据采集系统（SCADA 系统），虽叫法不同，但工作原理及组织结构大致相同，一般采用无线数据通信方式或无线有线相结合的方式，它是仪器仪表、电子技术、现代通信技术、计算机软件等的综合运用。计算机远程监控系统可以极大地提高人们的生产自动化水平和生产效率，已经被广泛应用于许多行业和领域。下面简单介绍计算机远程监控系统的基本构成和主要应用场合等。

（一）计算机远程监控系统的基本构成

计算机远程监控系统按照分布分为两大部分：现场部分和监控中心。

1. 现场部分

现场部分按照功能又可细分为检测执行机构和数据终端两部分。检测执行机构不可分为检测部分和执行部分，数据终端又可分为数据输入输出模块、数据通信部分、电源三个部分。

检测执行机构分为检测机构（现场仪表）和执行机构两部分：①现场仪表完成监测过程的第一步，把被测物理参量信号转化成电信号的过程，如压力仪表（水压表、气压表）、液位计、流量计、电压变送器、电流变送器等，转化成的电量信号被数据输入输出模块采集到，在数据输入输出模块内部转化成数字信号以便进行进一步处理；②执行机构完成控制过程的最后一步，根据数据输入输出模块输出的电信号执行相应的动作，如继电器控制电泵开关、电动调节阀门开度等。

数据终端分为数据输入输出模块、数据通信部分、电源部分三个部分。

（1）数据输入输出模块。数据终端的核心部分主要有三个功能：一是把现场仪表输入的电信号转化成数字信息，并把这些数字信息传送到监控中心的计算机中；二是把监控中心计算机发送来的控制信息转化成相应的电信号输送到执行机构，以完成控制过程；三是数据通信功能，完成和上位机或其他设备的数据通信。在远程数据终端（RTU）中用作数据输入输出模块的设备主要有两种：基于单片机的数据采集模块和可编程控制器。

（2）数据通信部分。数据输入输出模块和监控中心的数据传输通道分有线和无线两种方式。有线方式主要有 RS-232、RS-485、RS-422、电流环等几种标准，RS-232 用于短距离通信，点对点、全双工；RS-485 和 RS-422 用于中等距离通信，点对多点、半双工；当通信距离非常远或有其他要求时，可考虑通过普通市话网、数据传输网（DDN）或电脑网络进行数据传输。

无线方式主要用于地理区域分散、敷设通信电缆困难、传输的数据比较小的场合，这些特点正适合远程分布式监控系统的情况和要求，较常被采用。无线传输设备主要由无线调制解调器和电台组成，直接通信距离与地形和电台的功率有关，无线调制解调器的通信速率主要有 150b/s、300b/s、600b/s、l 200b/s、2 400b/s、4 800b/s、9 600b/s，调制方式有多种，遵循的标准也有差异，比较流行的为 1 200b/s、FSK 调制方式、CCITT V3.2 标准、向下兼容，支持 TTL、RS-232、RS-485 串行口标准。另外，无线传输设备还有原装数传电台和数传模块，在某些特殊场合也有采用，但由于价格和其他原因相对采用较少。

（3）电源部分。电源部分为数据输入输出模块、电台、调制解调器、仪表等提供直流电源。常用的直流电源有 +5V、+12V、+13.8V、+24V 四种。电台基本采用 +13.8V 电源，仪表常采用 +24V 电源，电源部分对整个 RTU 工作的稳定性有影响，所以不能掉以轻心。每个 RTU 的电源必须根据具体情况进行配置，但要求电源功率有足够的带载能力、抗干扰能力强、波纹小、具有过流过压保护功能。

2. 监控中心

监控中心是整个监控系统的大脑，集中管理和指挥整个监控系统的运行。监控中心的主要硬件设备有计算机、通信主台、打印机等必需的设备。计算机用来运行监控系统软件（常称为上位机软件），既可以用 PC 微机，也可以用工控计算机，还可以把多台计算机组成计算机网络，实现数据共享。通信主台用来和监控系统的各个数据终端进行数据通信，它包括电源、无线调制解调器、电台、馈线、全向天线等，还包括模拟屏、投影仪、多屏卡、分频卡、触摸屏等可选部件，可根据实际需要选用。

在监控中心运行的监控系统软件是整个监控系统的灵魂，是监控系统中至关重要的部分，下面单独介绍监控系统软件。

在测控系统中，监控系统软件是整个测控调度系统的灵魂。监控系统软件协调完成各个数据终端的数据通信任务；监控系统软件把硬件系统采集的各种数据如压力、温度、电压、电流、电量等经过计算然后以合理的方式显示出来供操作人员参考；操作人员的操作也要通过监控系统软件才能执行，如开泵、停泵、阀门调节等操作。监控系统软件还有很多功能，监控系统软件的好坏直接影响到整个监控系统的应用水平。

（二）计算机监控系统在变电所中的应用

变电所的计算机监控系统是实现将数据采集与监控系统、地理信息系统、电力高级应用、抄表系统、用电营业管理系统、管理信息系统、馈线自动化系统及通信系统集成为一体化的信息系统，使整个系统自上而下紧密配合，协调运行，从而提高系统总体的工作效率。

目前全国各种电压等级的变电所非常多，变电所的规模、配置等不尽相同。我国已投运的有人值班的变电所控制系统大多采用常规控制、变电站微机监测系统、分布式 RTU 三种。目前采用的变电站微机监测系统方案是：变电站微机监测系统全面采用交流样方式，取消了传统的变送器，以节省投资，各功能模块可采用分布式就地安装和集中组屏的方式，设备配置灵活，设计思想采用以现代计算机技术为基础，结合各厂家开发的变电站自动化系统软件，实现了对变电所全部设备的控制和监视，对变电所的自动化水平起到了良好的推进作用。

1. 计算机监控系统的监控范围

结合变电站无人值班方式的特点和目前计算机监控系统在变电所的应用，确定计算机监控系统的监控范围为：

（1）全站的断路器、隔离开关及电动操作的接地开关；

（2）主变压器的分接头调节（有载调压变压器）及 35（10）kV 无功补偿装置自动投切；

（3）直流系统和不间断电源系统（UPS 系统）；

（4）通信设备及通信电源告警信号；

（5）火灾报警系统；

（6）所用变压器、直流系统、UPS 系统的重要馈线开关状态；

（7）图像监视及安全警卫系统的报警信号；

（8）消防水泵、排水泵等重要辅助设备运行状态信号；

（9）变电所内重要房间的通风采暖等动力环境。

2. 计算机监控系统的软件工作平台

计算机监控系统站控层软件工作平台推荐采用 Unix 或 Windows 操作系统。Unix 操作系统的特点是系统成熟、稳定性好、不易受病毒感染，但软件编制繁杂，维护、修改较复杂；Windows 操作系统的特点是操作界面好，易于被用户接受，但其自身存在较多的漏洞，易受病毒攻击，其应用软件必须经过严格的稳定性、容错性检验，同时应具有较强的反病毒攻击措施。

3. 计算机监控系统的系统配置

计算机监控系统采用分层分布式网络结构，可分为站控层和间隔层，站控层设备之间宜采用双以太网通信，间隔层设备通过网络接口与站控层通信，其配置原则如下：

（1）站控层设备配置的原则。按照功能分散配置、资源共享、避免设备重复设置的原则，在满足无人值班的要求情况下，站控层设备及功能应适当简化。站控层硬件设备主要由一台主机兼操作员站和两台远动工作站组成。站控层数据以及主接线图等按变电站远景规模设置参数，便于以后扩建工程的实施。

（2）间隔层设备的配置原则。间隔层设备按各期工程规模配置 I/O 测控装置，220kV 及 110kV 的 I/O 测控装置集中布置于继电室，35（10）kV 的 I/O 测控装置分散布置于开关柜上。I/O 测控单元宜按断路器回路配置，其原则是测控单元可随一次设备电气间隔的检修而退出运行。I/O 测控单元屏上应配备操作面板，用于对断路器进行控制。I/O 测控单元应为模块结构的成熟可靠产品。间隔层的各种设备和器件应达到 IEC60255-22-2000 抗电磁干扰标准。

4. 计算机监控系统的功能

（1）站控层设备的主要功能如下：

第一，数据采集。采集变电所实时数据，并对采集的数据进行检测，发现越限检查、变位检查、告警信号筛选等。

第二，安全监视。定期对运行数据（包括现场采集的数据和计算数据）进行检测，发现越限立即报告。当开关及设备状态发生变化时立即报告，发生事故时，自动推出标识有故障设备的画面并给出声光告警及文字提示；未发生事故时，画面上的开关及设备则只闪烁、改变颜色和给出文字提示。

第三，画面显示。画面显示包括主接线、棒状图、曲线图、各种表格及趋势曲线等。

第四，报表及事件打印。

第五，控制功能。允许有权限操作人员对断路器等设备进行控制操作，控制操作采用“对象选择”“返送校核”“确认执行”等步骤来保证遥控操作的正确执行。

第六，数据库存储系统应提供实时数据库和历史数据库数据存储、查询等功能。

第七，安全保密功能。进入系统的人员必须具备操作者名称及口令，并自动记录进入系统的人员、时间。

第八，防误闭锁功能。该功能与间隔层设备配合形成双重防误闭锁机制。控制操作闭锁逻辑的检查分别由站控层系统主机和间隔层单元 RTU 完成。控制操作时，系统应通过人机画面显示操作对象的控制条件和检查校验情况。当后台系统故障时，在间隔层进行操作时仍可确保控制输出符合操作条件。

第九，远动通信。通过常规远动通道和电力调度数据网与各级调度中心，计算机监控系统应能实现与变电所有关的全部远动功能，满足电网调度实时性、安全性和可靠性要求，尤其要满足无人值班变电所与各级调度及集控站中心的信息传输需要。远动通信设备应直接从间隔层测控单元获取调度需要的数据，实现远动信息的直采直送。

第十，设备故障诊断、系统维护。对系统中的各台设备运行工况进行在线诊断，发现异常时及时显示和打印报警信息。当软件运行异常或软件发生死锁时，能自动恢复正常运行；对于采用冗余配置的设备，自动进行主备机故障切换。

第十一，与其他系统联网通信。根据需要，系统可与故障录波及保护信息处理系统、电能计量系统、直流系统和微机检测设备进行通信。

第十二，时钟同步。全站设置一套时钟同步系统，该系统采用 GPS 主时钟对时装置，时钟同步系统采用时间同步信号扩展装置，以满足站内监控、保护、录波、计量等设备需要的各种时间同步信号。

第十三，防误操作闭锁。变电所应具有完备的防止电气误操作装置。如果一次设备中的断路器、隔离开关等具有完备的电气闭锁功能，则可由电气闭锁和计算机监控系统实现防误闭锁功能，但应得到运行管理单位安监部门的认可。

第十四，远动通信规约。新建变电所的监控系统宜采用《远动设备及系统第 5-101 部分：传输规约基本远动任务配套标准》（DL/T634.5101—2002）以及《远动设备及系统第 5-104 部分：传输规约采用标准传输协议子集 IEC60870-5-101 网络访问》（DL/T634.5104—2002）作为远动通信规约，避免由于规约开发而产生的问题。

第十五，与继电保护的信息交换。①监控系统与继电保护的信息交换。通过站控层的操作员工作站与保护管理机构通信，对机电保护的状态信息、动作报告等信息实现检测和控制，具有保护装置的复归和投退、定值的查询等功能。本设计原则上采用两种方式实现监控系统与继电保护的信息交换：一是保护的跳闸信号以及重要的告警信号采用硬接点方式接入 I/O 测控装置，二是通过通信接口实现监控系统与保护装置之间的信息交换。②保护、故障录波信息的上传。目前 220kV 变电所均设有继电保护故障信息处理子站系统，具体方案有两个：一是在监控系统站控层网络上配置一套继电保护及故障信息管理系统子站，按调度端的要求汇集有关保护和故障录波信息，并以数据网方式上传至相关调度；二是子站系统独立于监控系统单独配置，但通过共用的保护信息管理机收集全站保护信息。

实际上监控所需要的实时保护信息有限，而继电保护人员所关心的保护信息可通过保护故障信息子站上传至相关调度端。为保证计算机监控系统网络的可靠运行，在具体工程中，关于继电保护及故障信息管理系统子站与站内监控系统的连接方案及上传监控的保护信息量，由各地区根据生产调度的要求，进行筛选或进一步优化，且故障录波数据信息均不上传至监控系统。

变电所配置一套交流不停电电源系统，可采用主机冗余配置方式，或采用模块化（N+1）冗余配置，每套容量 5 ～ 7.5kV。UPS 为变电所站内计算机监控系统、故障保护信息子站、电能计费系统、故障录波系统、火灾报警系统及通信设备等重要设备提供电源。UPS 系统不自带蓄电池组，直流电源由站内 220V 或 110V 直流系统提供。工程设计时应根据变电站的规模和 UPS 负荷，对 UPS 容量进行确定。

（2）间隔层设备的主要功能如下：

第一，交流采样测量。

第二，直流模拟量数据采集。

第三，开关量数据采集。

第四，遥控及闭锁。执行控制中心或后台系统下发的控制命令对断路器、隔离开关、电动接地开关等设备进行分 / 合遥控。此外，运行人员也可以在测控屏上进行控制操作。控制命令执行前，应对闭锁条件进行检验。

第五，同期检测。在接收同期设备的控制命令后，自动判断同期条件，符合同期要求后自动合闸。超过一定时间（可由用户设定）后仍不符合条件，则自动取消该操作。

第六，可编程自动控制，如无功设备自动投切控制。

第七，电流和电压、有功和无功功率、频率、功率因数、有功和无功电能等运行参数测量计算。

第八，电能质量数据监测。

第九，不平衡负载监测。

第十，GPS 对时。

第十一，智能电子设备（IED）接口，如与智能表、微机保护装置等 IED 设备通信。

第二节 计算机监控组态软件

组态是用应用软件中提供的工具、方法完成工程中某一具体任务的过程。组态软件指一些数据采集与过程控制的专用软件，是面向 SCADA 的自动控制系统监控层一级的软件平台和开发环境，能以灵活多样的组态方式（而不是编程方式）提供良好的用户开发界面和简捷的使用方法，其预设置的各种软件模块可以非常容易地实现和完成监控层的各项功能，并能同时支持各种硬件厂家的计算机和 I/O 产品，与高可靠的工控计算机和网络系统结合，可向控制层和管理层提供软、硬件的全部接口，进行系统集成。[①]

一、监控组态软件的产生及发展

（一）监控组态软件的产生

组态的概念是使用软件工具对计算机及软件的各种资源进行配置，达到让计算机或软件按照预先设置自动执行特定任务、满足使用者要求的目的。在组态的概念出现之前，计算机是通过编写程序（如使用 BASIC、FORTRAN 等）来实现某一任务的，编写程序不但工作量大、周期长，而且容易犯错误，不能保证工期。组态软件的出现解决了这个问题。组态的概念是伴随着集散型控制系统的出现才开始被广大的生产过程自动化技术人员所熟知的。在控制系统中使用的早期控制仪表是气动 PID 调节器，后来发展为气动单元组合仪表，20 世纪 50 年代后出现了电动单元组合仪表。20 世纪 70 年代中期随着微处理器的出现，诞生了第一代分布式控制系统（DCS）。目前，DCS 和其他控制设备在全球范围内得到了广泛应用。由于每一套 DCS 都是比较通用的控制系统，可以应用到很多领域中，为了使用户在不需要编代码程序的情况下便可生成适合自己需求的应用系统，每个 DCS 厂商在 DCS 中都预装了系统软件和应用软件，而其中的应用软件实际上就是组态软件，但一直没有人给出明确的定义，只是将使用这种应用软件设计生成目标应用系统的过程称为组态。

监控组态软件是面向监控与数据采集的软件平台工具，具有丰富的设置项目，使用方式灵活、功能强大。监控组态软件最早出现时，HMI 或 MMI 是其主要内涵，即主要解决人机图形界面问题。随着它的快速发展，实时数据库、实时控制、SCADA、通信及联网、开放数据接口、对 I/O 设备的广

① 李光明，孙英爽，党小娟 . 基于安卓的远程监控系统的设计与实现 [J]. 计算机工程与设计，2016（2）：556-560.

泛支持已经成为它的主要内容。在其他行业也有组态的概念，如 AutoCAD、Photoshop、Powerpoint 都存在相似的操作，即用软件提供的工具来形成自己的作品，并以数据文件保存作品，而不是执行程序。组态形成的数据只有其制造工具或其他专用工具才能识别。由于个人计算机的普及和技术的逐渐成熟，如何利用 PC 进行工业监控，成为工业控制领域的重要研究方向，市场的发展使很多差式扫描热量仪（DSC）和电力通信（PLC）厂家主动公开通信协议，向 PC 监控完全开放，这不仅降低了监控成本，也使市场空间得以扩大，智能仪器、嵌入式系统和现场总线的出现使组态软件成为工业自动化系统中的灵魂。

现在，每个 DCS 厂家的组态软件仍是专用的（与硬件相关的），不可相互替代。从 20 世纪 80 年代末开始，由于个人计算机的普及，国内开始有人研究如何利用 PC 进行工业监控，同时开始出现基于 PC 总线的 A/D、D/A、计数器、DIO 等各类 I/O 板卡。应该说国内组态软件的研究起步不晚，当时有人在微软磁盘操作系统（MS-DOS）的基础上用汇编或 C 语言编制带后台处理能力的监控组态软件，有实力的研究机构则在实时多任务操作系统 iRMX/86 或 VRTX 上做文章，但均未形成有竞争力的产品。随着 MS-DOS 和 iRMX/86 用户数量的萎缩和微软公司 Windows 操作系统的普及，基于 PC 的监控组态软件才迎来了发展机遇，以力控软件为代表的国内组态软件也经历了这一复杂过程。世界上第一个把组态软件作为商品进行开发、销售的专业软件公司是美国的万维公司，它于 20 世纪 80 年代末率先推出第一个商品化监控组态软件 InTouch。此后监控组态软件在全球得到了蓬勃发展，目前世界上的组态软件有几十种，总装机量有几十万套。伴随着信息化社会的到来，监控组态软件在社会信息化进程中将扮演越来越重要的角色，每年的市场增幅都有较大增长，未来的发展前景较好。

（二）监控组态软件在我国的发展及国内外主要产品

1. 监控组态软件在我国的发展

组态软件产品于 20 世纪 80 年代初出现，并在 20 世纪 80 年代末期进入我国。但在 20 世纪 90 年代中期之前，组态软件在我国的应用并不普及，究其原因大致有以下几点：

（1）国内用户还缺乏对组态软件的认识，项目中没有组态软件的预算，或宁愿投入人力、物力针对具体项目做长周期的繁冗的上位机的编程开发，而不采用组态软件；

（2）在很长时间里，国内用户的软件意识还不强，面对价格不菲的进口软件（早期的组态软件多为国外厂家开发）很少有用户愿意去购买；

（3）当时国内的工业自动化和信息技术的应用水平还不高，组态软件提供了对大规模应用、大量数据进行采集、监控、处理并可以将处理的结果生成管理所需的数据，这些需求并未完全形成。

随着工业控制系统应用的深入，在面临规模更大、更复杂的控制系统时，人们逐渐意识到原有的上位机编程的开发方式对项目来说是费时费力、得不偿失的，同时管理信息系统（MIS）和计算机集成制造系统（CIMS）的大量应用要求工业现场为企业的生产、经营、决策提供更详细和深入的数据，以便优化企业生产经营中的各个环节。因此，在 1995 年以后，组态软件在国内的应用逐渐得到了普及。

2. 国内外主要组态软件产品

（1）InTouch。万维公司的 InTouch 软件是最早进入我国的组态软件。在 20 世纪 80 年代末、90 年代初，基于 Windows3.1 的 InTouch 软件曾让人们耳目一新，并且 InTouch 提供了丰富的图库。但是，早期的 InTouch 软件采用动态数据交换（DDE）方式与驱动程序通信，性能较差，最新的 InTouch7.0 已经完全基于 32 位的 Windows 平台，并且提供了 OPC 支持。

（2）iFIX。智力（Intellution）公司以 iFIX 组态软件起家，1995 年被爱默生收购，现在是爱默生集团的全资子公司，iFIX6.1 软件提供工控人员熟悉的概念和操作界面，并提供完备的驱动程序（需单独购买）。Intellution 将自己最新的产品系列命名为 iFIX，在 iFIX 中，Intellution 提供了强大的组态功能，但新版本与以往的 6.1 版本并不完全兼容。将原有的 Script 语言改为 VBA，并且在内部集成了微软的 VBA 开发环境。遗憾的是 Intellution 并没有提供 6.1 版脚本语言到 VBA 的转换工具。在 iFIX 中，Imellution 的产品与 Microsoft 的操作系统、网络进行了紧密的集成。Intellution 也是 OPC 组织的发起成员之一，iFIX 的 OPC 组件和驱动程序同样需要单独购买。

（3）Citech。CiT 公司的 Citech 也是较早进入中国市场的产品。Citech 具有简捷的操作方式，但其操作方式更多的是面向程序员，而不是工控用户。Citech 提供了类似 C 语言的脚本语言进行二次开发，但与 iFIX 不同的是，Citech 的脚本语言并非是面向对象的，而是类似于 C 语言，这无疑为用户进行二次开发增加了难度。

（4）WinCC。西门子公司的 WinCC 也是一套完备的组态开发环境，西门子公司提供类 C 语言的脚本，包括一个调试环境。WinCC 内嵌 OPC 支持，并可对分布式系统进行组态。但 WinCC 的结构较复杂，用户最好经过西门子公司的培训以掌握 WinCC 的应用。

（5）组态王（KingView）。组态王是国内第一家较有影响的组态软件开发公司（更早的品牌多数已经湮灭）。组态王提供了资源管理器式的操作主界面，并且提供了以汉字作为关键字的脚本语言支持。组态王也提供多种硬件驱动程序。

（6）开物（Controx）。华富计算机公司的 Controx2000 是全 32 位的组态开发平台，为工控用户提供了强大的实时曲线、历史曲线、报警、数据报表及报告功能。作为国内最早加入 OPC 组织的软件开发商，Controx 内嵌 OPC 支持，并提供数十种高性能驱动程序，提供面向对象的脚本语言编译器，支持 ActiveX 组件和插件的即插即用，并支持通过 ODBC 连接外部数据库。Controx 同时提供网络支持和 WebServer 功能。

（7）力控（ForceControl）。大庆三维公司的 ForceContol 从时间概念上来说，也是国内较早就已经出现的组态软件之一。只是因为早期力控一直没有作为正式商品广泛推广，所以并不被大多数人所知。在 1993 年左右，力控就已形成了第一个版本，只是那时还是一个基于 DOS 和 VMS 的版本。后来随着 Windows3.1 的流行，又开发出了 16 位 Windows 版的力控。直至 Windows95 版本的力控诞生之前，它主要用于公司内部的一些项目。32 位下的 1.0 版的力控在体系结构上就已经具备了较为明显的先进性，其最大的特征之一就是其基于真正意义的分布式实时数据库的三层结构，而且其实时数据库结构可为可组态的活结构。在 1999—2000 年期间，力控得到了长足的发展，最新推出的 2.0 版在功能的丰富特性、易用性、开放性和 I/O 驱动数量上，都得到了很大的提高。在很多环节的设计上，力控都从国内用户的角度出发，既注重实用性，又不失大软件的规范。另外，公司在产品的培训、用户技术支持等方面投入了较大人力，相信在较短时间内，力控软件产品将对工控软件界形成巨大的冲击。

其他常见的组态软件还有 GE 的 Cimplicity，Rockwell 的 RsView，NI 的 LookOut，PCSoft 的 Wizcon 以及国内一些组态软件，如通态软件公司的 MCGS。

二、监控组态软件的特点及设计思想

（一）监控组态软件的特点

组态软件最突出的特点是实时多任务。例如，数据采集与输出、数据处理与算法实现、图形显示及人机对话、实时数据的存储、检索管理、实时通信等多个任务要在同一台计算机上同时运行。

组态软件的使用者是自动化工程设计人员，组态软件的主要目的是使使用者在生成适合自己需要的应用系统时不需要修改软件程序的源代码，因此在设计组态软件时应充分了解自动化工程设计人员的基本需求，并加以总结提炼，重点、集中解决共性问题。下面是组态软件需主要解决的问题：

（1）如何与采集、控制设备间进行数据交换；

（2）使来自设备的数据与计算机图形画面上的各元素关联起来；

（3）处理数据报警及系统报警；

（4）存储历史数据并支持历史数据的查询；

（5）各类报表的生成和打印输出；

（6）为使用者提供灵活、多变的组态工具，可以适应不同应用领域的需求；

（7）最终生成的应用系统运行稳定可靠；

（8）具有与第三方程序的接口，方便数据共享。

自动化工程设计技术人员在组态软件中只需填写一些事先设计的表格，再利用图形功能把被控对象（反应罐、温度计、锅炉、趋势曲线、报表等）形象地画出来，通过内部数据连接把被控对象的属性与I/O设备的实时数据进行逻辑连接。当由组态软件生成的应用系统投入运行后，与被控对象相连的I/O设备数据发生变化后直接会带动被控对象的属性发生变化。若要对应用系统进行修改，也十分方便，这就是组态软件的方便性。

从以上可以看出，组态软件具有实时多任务、接口开放、使用灵活、功能多样、运行可靠等特点。

（二）监控组态软件的设计思想

在单任务操作系统环境下（如MS-DOS），为使组态软件具有很强的实时性，必须利用中断技术，这种环境下的开发工具较简单，软件编制难度大，目前运行于MS-DOS环境下的组态软件基本上已退出市场。

在多任务环境下，由于操作系统直接支持多任务，组态软件的性能得到了全面加强。因此，组态软件一般都由若干组件构成，而且组件的数量在不断增长，功能在不断加强。各组态软件普遍使用了“面向对象”的编程和设计方法，使软件更加易于学习和掌握，功能也更强大。

一般的组态软件都由下列组件组成：图形界面系统、控制功能组件、实时数据库系统、第三方程序接口组件。下面将分别讨论每一类组件的设计思想。

1. 图形界面系统的设计思想

在图形界面生成方面，构成现场各过程图形的界面被划分成几类简单的对象：线、填充形状和文本，每个简单的对象均有影响其外观的属性。对象的基本属性包括线的颜色、填充颜色、高度、宽度、取向、位置移动等，这些属性可以是静态的，也可以是动态的。静态属性在系统投入运行后保持不变，与原来组态一致。而动态属性则与表达式的值有关，表达式可以是来自I/O设备的变量，也可以是由变量和运算符组成的数学表达式。这种对象的动态属性随表达式值的变化而实时改变。例如，用一个矩形填充体模拟现场的液位，在组态这个矩形中填充属性时，指定代表液位的工位号名称、液位的上下限及对应的填充高度，这就完成了液位的图形组态，这个组态过程通常叫作动画连接。

图形界面还具备报警通知及确认、报表组态及打印、历史数据查询与显示等功能，各种报警、报表、趋势都是动画连接的对象，其数据源都可以通过组态来指定，这样每个画面的内容就可以根据实际情况由工程技术人员灵活设计，每幅画面中的对象数量均不受限制。

在图形界面中，各类组态软件普遍提供了一种类Basic语言的编程工具即通过脚本语言来扩充其功能。用脚本语言编写的程序段可由事件驱动或周期性地执行，是与对象密切相关的。例如，当按下某个按钮时可指定执行一段脚本语言程序，完成特定的控制功能，也可以指定当某一变量的值变化到关键值以下时，马上启动一段脚本语言程序完成特定的控制功能。

2. 控制功能组件的设计思想

控制功能组件以基于PC的策略编辑/生成组件（也有人称之为软逻辑或软PLC）为代表，是组态软件的主要组成部分，虽然脚本语言程序可以完成一些控制功能，但还是不直观，对于用惯了梯形图或其他标准编程语言的自动化工程师来说简直是太不方便了。因此，目前多数组态软件都提供了基于IEC1131-3标准的策略编辑/生成控制组件，它也是面向对象的，但不唯一地由事件触发，它像PLC中的梯形图一样按照顺序周期地执行。策略编辑/生成组件在基于PC和现场总线的控制系统中是大有可为的，可以大幅度地降低成本。

3. 实时数据库系统的设计思想

实时数据库是更为重要的一个组件，因为PC的处理能力太强了，因此实时数据库更加充分地表现出了组态软件的长处。实时数据库可以存储每个工艺点的多年数据，用户既可浏览工厂当前的生产情况，也可回顾过去的生产情况。可以说，实时数据库对于工厂来说就如同飞机上的“黑匣子”。工厂的历史数据是很有价值的，实时数据库具备数据档案管理功能，工厂的实践告诉人们：现在很难知道将来进行分析时哪些数据是必需的，因此，保存所有的数据是防止丢失信息的最好方法。

4. 第三方程序接口组件的主要作用

通信及第三方程序接口组件是开放系统的标志，是组态软件与第三方程序交互及实现远程数据访问的重要手段之一，它有下面几个主要作用：

（1）用于双机冗余系统中，主机、从机间的通信；

（2）用于构建分布式 HMI/SCADA 应用时多机间的通信；

（3）在基于 Internet 或 Browser/Server（B/S）应用中实现通信功能。

通信组件中有的功能是一个独立的程序，可单独使用，有的被“绑定”在其他程序当中，不被“显式”地使用。

三、监控组态软件的性能要求

（1）实时多任务。实时性是指工业控制计算机系统应该具有能够在限定的时间内对外来事件做出反应的特性。在具体地确定限定时间时，主要考虑两个要素：其一，根据工业生产过程出现的事件能够保持多长时间；其二，该事件要求计算机在多长时间以内必须做出反应，否则将对生产过程造成影响甚至造成损害。工业控制计算机及监控组态软件具有时间驱动能力和事件驱动能力，即在按一定的周期时间对所有事件进行巡检扫描的同时，可以随时响应事件的中断请求。

实时性一般都要求计算机具有多任务处理能力，以便将测控任务分解成若干并行执行的多个任务，加速程序执行速度。

可以把那些变化并不显著、即使不立即做出反应也不至于造成影响或损害的事件作为顺序执行的任务，按照一定的巡检周期有规律地执行，而把那些保持时间很短且需要计算机立即做出反应的事件作为中断请求源或事件触发信号，为其专门编写程序，以便在该类事件出现时计算机能够立即响应。如果由于测控范围庞大、变量繁多，这样分配仍然不能保证所要求的实时性时，则表明计算机的资源已经不够使用，只得对结构进行重新设计，或者提高计算机的档次。

（2）高可靠性。在计算机、数据采集控制设备及正常工作的情况下，如果供电系统正常，当监控组态软件的目标应用系统所占的系统资源不超负荷时，则要求软件系统的平均无故障时间大于一年。

如果对系统的可靠性要求更高，就要利用冗余技术构成双机乃至多机备用系统。冗余技术是利用冗余资源来克服故障影响从而增加系统可靠性的技术，冗余资源是指在系统完成正常工作所需资源以外的附加资源。说得通俗和直接一些，冗余技术就是用更多的经济投入和技术投入来获取系统可能具有的更高的可靠性指标。

（3）标准化。尽管目前尚没有一个明确的国际、国内标准用来规范组态软件，但国际电工委员会开放型国际编程标准（IEC1131-3）在组态软件中起着越来越重要的作用，IEC1131-3 用于规范 DCS 和 PLC 中提供的控制用编程语言，它规定了四种编程语言标准（梯形图、结构化高级语言、方框图、指令助记符）。此外，OLE（目标的连接与嵌入）、OPC（过程控制用 OLE）是微软公司的编程技术标准，目前也被广泛使用。TCP/IP 是网络通信的标准协议，被广泛地应用于现场测控设备之间及测控设备与操作站之间的通信。每种操作系统的图形界面都有其标准，如 UNIX 和微软的 Windows 都有本身的图形标准。

组态软件本身的标准尚难统一，其本身就是创新的产物，处于不断地发展变化之中，由于使用习惯的原因，早一些进入市场的软件在用户意识中已形成一些不成文的标准，成为某些用户判断另一种产品的“标准”。

四、监控组态软件的未来发展方向

目前看到的所有组态软件都有如下类似的功能：几乎所有运行于 32 位 Windows 平台的组态软件都采用类似资源浏览器的窗口结构，并且对工业控制系统中的各种资源（设备、标签量、画面等）进行配置和编辑；都提供多种数据驱动程序；都使用脚本语言提供二次开发的功能等。但是，从技术上说，各种组态软件提供实现这些功能的方法却各不相同。从这些不同之处，以及 PC 技术发展的趋势，可以看出组态软件未来发展的方向。

（1）数据采集的方式。大多数组态软件提供多种数据采集程序，用户可以进行配置。然而，在这种情况下，驱动程序只能由组态软件开发商提供，或者由用户按照某种组态软件的接口规范编写，这对用户提出了过高的要求。由 OPC 基金组织提出的 OPC 规范基于微软的 OLE/DCOM 技术，提供了在分布式系统下，软件组件交互和共享数据的完整解决方案。在支持 OPC 的系统中，数据的提供者作为服务器，数据请求者作为客户，服务器和客户之间通过 DCOM 接口进行通信，而无须知道对方内部实现的细节。由于 DCOM 技术是在二进制代码级实现的，所以服务器和客户可以由不同的厂商提供。在实际应用中，作为服务器的数据采集程序往往由硬件设备制造商随硬件提供，可以发挥硬件的全部效能，而作为客户的组态软件可以通过 OPC 与各厂家的驱动程序无缝连接，故从根本上解决了以前采用专用格式驱动程序总是滞后于硬件更新的问题。同时，组态软件同样可以作为服务器为其他的应用系统（MIS 等）提供数据。OPC 现在已经得到了包括 Interllution、Simens、GE、ABB 等国外知名厂商的支持。随着支持 OPC 的组态软件和硬件设备的普及，使用 OPC 进行数据采集必将成为组态中更合理的选择。

（2）脚本的功能。脚本语言是扩充组态系统功能的重要手段，因此，大多数组态软件提供了脚本语言的支持。具体的实现方式可分为三种：一是内置的类 C/Basic 语言；二是采用微软的 VBA 编程语言；三是有少数组态软件采用面向对象的脚本语言。类 C/Basic 语言要求用户使用类似高级语言的语句书写脚本，使用系统提供的函数调用组合完成各种系统功能。应该指明的是，多数采用这种方式的国内组态软件对脚本的支持并不完善，许多组态软件只提供“IF……THEN……ELSE”的语句结构，不提供循环控制语句，为书写脚本程序带来了一定的困难。微软的 VBA 是一种相对完备的开发环境，采用 VBA 的组态软件通常使用微软的 VBA 环境和组件技术，把组态系统中的对象以组件方式实现，使用 VBA 的程序对这些对象进行访问。由于 Vistml Basic 是需要解释执行的，所以 VBA 程序的一些语法错误可能到执行时才能发现。而面向对象的脚本语言提供了对象访问机制，对系统中的对象可以通过其属性和方法进行访问，比较容易学习、掌握和扩展，但实现比较复杂。

（3）组态环境的可扩展性。可扩展性为用户提供了在不改变原有系统的情况下，向系统内增加新功能的能力，这种增加的功能可能来自组态软件开发商、第三方软件提供商或用户自身。增加功能最常用的手段是 ActiveX 组件的应用，目前还只有少数组态软件能提供完备的 ActiveX 组件引入功能及实现引入对象在脚本语言中的访问。

（4）组态软件的开放性。随着管理信息系统和计算机集成制造系统的普及，生产现场数据的应用已经不仅仅局限于数据采集和监控。在生产制造过程中，需要对现场的大量数据进行流程分析和过程控制，以实现对生产流程的调整和优化。现有的组态软件对这些方面的大部分需求还只能以报表的形式提供，或者通过开放数据库互连（ODBC）将数据导出到外部数据库，以供其他业务系统调用，在绝大多数情况下，仍然需要进行再开发才能实现。随着生产决策活动对信息需求的增加，可以预见，组态软件与管理信息系统或领导信息系统的集成必将更加紧密，并很可能以实现数据分析与决策功能的模块形式在组态软件中出现。

（5）对互联网的支持程度。现代企业的生产已经趋向国际化、分布式的生产方式，互联网将是实现分布式生产的基础。组态软件能否从原有的局域网运行方式跨越到支持互联网，是摆在所有组态软件开发商面前的一个重要课题。限于国内目前的网络基础设施和工业控制应用的程度，在较长时间内，以浏览器方式通过 Internet 对工业现场的监控，将会在大部分应用中停留于监视阶段，而实际控制功能的完成应该通过更稳定的技术，如专用的远程客户端、由专业开发商提供的 ActiveX 控件或 Java 技术等。

（6）组态软件的控制功能。随着以工业 PC 为核心的自动控制集成系统技术的日趋完善和工程技术人员使用组态软件水平的不断提高，用户对组态软件的要求已不像过去那样主要侧重于画面，而是考虑一些实质性的应用功能，如软 PLC、先进过程控制策略等。

软 PLC 产品是基于 PC 机开放结构的控制装置，它具有硬 PLC 在功能、可靠性、速度、故障查找等方面的特点，利用软件技术可将标准的工业 PC 转换成全功能的 PLC 过程控制器。软 PLC 综合了计算机和 PLC 的开关量控制、模拟量控制、数学运算、数值处理、通信网络等功能，通过一个多任务控制内核提供了强大的指令集、快速而准确的扫描周期、可靠的操作和可连接各种 I/O 系统及网络的开放式结构。所以可以这样说，软 PLC 提供了与硬 PLC 同样的功能，而同时具备了 PC 环境的各种优点。

随着企业提出的高柔性、高效益的要求，以经典控制理论为基础的控制方案已不再适用，以多变量预测控制为代表的先进控制策略的提出和成功应用之后，先进过程控制受到了过程工业界的普遍关注。先进过程控制（APC）是指一类在动态环境中，基于模型、充分借助计算机能力，为工厂获得最大利润而实施的运行和控制策略。先进控制策略主要有双重控制及阀位控制、纯滞后补偿控制、解耦控制、自适应控制、差拍控制、状态反馈控制、多变量预测控制、推理控制及软测量技术、智能控制（专家控制、模糊控制和神经网络控制）等，尤其智能控制已成为开发和应用的热点。

五、基于 iFIX 开发的自动化立体仓库监控系统

以某烟厂烟叶配方自动化仓库监控系统基于 iFIX3.5 开发为例，系统底层执行设备选用西门子 S7-400 系列 PLC，通过两方提供的标准 OPC 接口，可以很方便地连接到 iFIX，与管理机的通信通过共享数据库实现。

（一）物流系统结构设计

烟叶配方自动化仓库整个物流控制系统的设计分为三层：管理层、监控

层和执行层。管理层负责上层的数据管理和信息处理，产生作业指令下达给监控层，同时接收监控层的任务请求并做出处理。监控层负责接收和转发、协调管理系统的出库指令，完成作业指令的分解、排队和下达；接收和处理执行层控制系统各种信息的实时数据的采集和信息、物料的跟踪。执行层由PLC 管理，PLC 根据监控层的命令控制各实际设备，同时向监控层反馈设备运行状态和任务完成情况。

（二）监控系统 HMI 的实现

1. 数据库的访问

iFIX 组态软件中提供了 iFIX ODBC 和 VBA 编程两种方法来访问数据源。在 iFIX SCU 报警配置里启用了 Alarm ODBC Service，配置完成后 iFIX 可以自动操作所连接的 ODBC 数据源，在相应的数据库中创建报警记录表，并且在有报警发生时自动在表中增加记录，填入报警的详细信息如标签名、报警区域、开始时间等，这些字段可以由用户在 iFIX 提供的域中选择。

利用 iFIX 内嵌 VBA 的优势，采用 VBA 程序访问数据库。VBA 是内嵌在 iFIX 中的标准脚本语言，能用来灵活制定和扩展 iFIX 的功能，而 ADO 提供自动化接口，使 ADO 能在脚本语言中使用。因此，在 iFIX 的 VBA 编程环境里使用 ADO 来处理对数据库的访问。

2. 故障报警处理

监控系统报警画面采用“报警一览表”图形对象，要使用报警一览服务，需要先在 PDB 数据库中对需要报警的相关数据块进行设置。数据块在启用报警处理后，应设置它的报警区域，报警优先级；若为开关量，设定其报警类型；若为模拟量，设定其下限、下下限、上限、上上限报警值。完成对数据块的设置后，再打开报警一览设置，设置过滤条件、不同优先级报警的显示颜色、允许对报警一览表所做的操作、报警记录的排序原则等。设置完成后 iFIX 在运行时会自动检测数据块信息，出现异常时将按设置要求在报警一览表里给出报警提示。

报警信息存入数据库的操作由 iFIX 的报警 ODBC 服务来处理系统的实时监视画面，还使用有颜色的闪烁效果给出报警提示。

3. 实时动画监视

根据实际情况在 iFIX 工作区绘制出整个仓库输送系统的静态图，将过程数据库中相关的数据块与静态画面对应的图形对象相连接，根据从 PLC 传来的 I/O 点信息则可动态显示整个仓库输送系统的运行情况，同时也会给出故障报警提示。画面中的动画效果利用 iFIX 动画专家实现：报警提示采用前景色动画；货物移动采用可视动画；设备运行状态采用两个稍有不同的图像作为主辅图像交替出现，形成闪烁效果，表示该段设备正在运行。

此外，监控系统还用图形形象地给出了货位占用的详细情况，可以选择查看货架的直视图。货位信息严格与库存数据库一一对应，保证了实时性。空货位、存放烟包或者空托盘的货位、禁用货位分别用不同的颜色标示，可以一目了然地了解当前货位的分配情况。

4. 远程发布

iWebServer 是运行在 Web 服务器上的客户端软件，并不需要其他特殊软件、驱动程序或用户程序的支持。安装和设置成功后，只要利用标准的互联网浏览器就可以实时浏览仓库现场的运作过程，实现信息资源的全方位共享。

正确使用 iWebServer 必须在控制面板里添加 IlS（Internet 信息服务）组件，并进行相关设置。iWebServer 安装完成后，将 WebConverterTB 工具导入 iFIX 工作台中，利用该工具将画面转换成网页文件。画面转换后生成三个文件：.htm 文件（由浏览器解释的 HTML 文件）；.JDF 文件（由 iWebServer 网关解释的 CGI 文件）；日志文件，给出转换过程的详细信息，若转换出错会在此给出相关提示。转换完成后即可在标准 Web 浏览器中打开 .htm 文件来浏览相应的 iFIX 画面，如果转换后的画面不完全正常，可以在 .htm 文件和 .JDF 文件里修改相关内容。

iWebServer 介于工厂现场网和因特网或内联网之间，禁止非授权用户访问，因此，不必担心会有非法或者未授权的修改发生。另外，iWebServer 通过 Web 服务器管理所有的访问请求，不必担心由于多个用户请求访问而影响整个 SCADA 系统的功能，可以保证系统的可靠平稳运行。

第三节 自动识别与射频识别技术

在信息系统发展早期，有相当一部分数据的处理是通过人手工录入的，这些数据包括人的、物质的、财务的，涵盖产品从原材料采购到产品生产和销售的各个环节，这些数据的采集和分析对于生产和生活决策是十分重要的。手工录入不仅增加了数据量和劳动强度，而且造成了数据的高误码率，失去了实时的意义。为了解决这些问题，人们研究和发展了各种各样的自动识别技术，将人们从繁重的、重复的但又十分不精确的手工劳动中解放出来，提高了系统信息的实时性和准确性，从而为生产的实时调整、财务的及时总结以及决策的正确制定提供了正确的参考依据。

一、自动识别技术概述

自动识别技术是通过计算机系统、可编程逻辑控制器或其他微处理设备进行非键盘输入的一种数据输入技术，是对信息数据进行自动识读、自动输入计算机的一种重要方法和手段，它是以计算机技术和通信技术的发展为基础的综合性科学技术。自动识别技术近几十年在全球范围内得到了迅猛发展，初步形成了以计算机、光、机电、通信技术为一体的高新技术学科。[①]

自动识别技术的兴起使得数据采集变得快捷、准确，解决了计算机数据输入速度慢和错误率高等造成的“瓶颈”问题。因此，其被誉为一项革命性的高新技术，迅速被人们所接受。

（一）自动识别系统的一般模型

自动识别技术通过中间件或者接口（包括软件和硬件的）将数据传输给后台计算机，由计算机对所采集到的数据进行处理或者加工，最终形成对人们有用的信息。完整的自动识别计算机管理系统包括自动识别系统（AIDS）、应用程序接口（API）或者中间件（Middleware）和应用系统软件（Application Software）。自动识别系统完成数据的采集和存储工作；应用系统软件对自动识别系统所采集的数据进行应用处理；而应用程序接口则提供自动识别系统和应用系统软件之间的通信接口，将自动识别系统采集的数据信息转换成应用软件系统可以识别和利用的信息并进行数据传递。

自动识别系统的前端部分可以采用不同的自动识别技术来进行数据采集，这些不同的自动识别技术包括条码技术、射频识别技术、磁条技术、各种生物技术等；而中间件或者数据接口部分则根据不同的自动识别技术具有不同的配置方式；应用软件系统则具有最大的共性。

（二）自动识别技术的种类

自动识别技术根据识别对象的特征可以分为两大类，分别是数据采集技术和特征提取技术。这两大类自动识别技术的基本功能都是完成物品的自动识别和数据的自动采集。

数据采集技术的基本特征是被识别物体具有特定的识别特征载体（如标签等，仅光学字符识别例外），而特征提取技术则根据被识别物体本身的行为特征（包括静态的、动态的和属性的特征）来完成数据的自动采集。按照数据采集技术的不同，分为光存储器、磁存储器以及电存储器；按照特征提

---

① 尹雷，卿粼波，滕奇志 . 基于异构多核嵌入式平台的视频监控系统 [J]. 微电子学与计算机，2016（5）：97-101.

取技术的不同，分为静态特征、动态特征以及属性特征。条码和 OCR 是一种与印刷相关的自动识别技术；磁条技术是接触式识读技术；射频识别是非接触式识别技术；图像识别和语音识别还没有很好地推广应用，图像识别还可与 OCR 或条码结合应用。

二、射频识别技术的起源及发展

射频识别技术（RFID）是一种非接触式的自动识别技术，它通过射频信号自动识别目标对象并获取相关数据，识别工作无须人工干预，可于各种恶劣环境中工作。RFID 技术可识别高速运动物体并可同时识别多个标签，操作快捷方便。

RFID 的基本技术原理起源于二战时期，最初盟军利用无线电数据技术来识别敌我双方的飞机和军舰。战后由于成本较高，该技术一直主要应用于军事领域，并没有在民用领域得到推广应用。直到 20 世纪八九十年代，随着芯片和电子技术的提高和普及，欧洲开始率先将 RFID 技术应用到公路收费等民用领域。到 21 世纪初，RFID 技术迎来了一个崭新的发展时期，其在民用领域的价值开始得到世界各国的广泛关注，特别是在西方发达国家，RFID 技术大量应用于生产自动化、门禁、公路收费、停车场管理、身份识别、货物跟踪等民用领域中，其新的应用范围还在不断扩展。

目前，RFID 技术在我国的很多领域都得到了实际应用，包括物流、烟草、医药、身份证、宠物管理等。但就人们日常生活感受而言，好像 RFID 还是离人们很远。除了二代身份证，人们还很难感受到 RFID 在人们生活中的存在。尽管 RFID 正快速在各个领域得到实际应用，但相对于我们国家的经济规模，其应用范围还远未达到广泛的程度，即便在 RFID 应用比较多的交通物流产业，也还处于点分布状态，而没能达到面的状态。往往是产业中的领导企业为保持其竞争地位而率先尝试采用这种新技术，而更多的企业还抱着观望和犹豫的态度。以物流产业为例，应用 RFID 技术可以大幅度提高物流运作效率，加快货物出入库时间，减少现场操作人员，实现快速而精确的库存盘点和货物准确的定位跟踪等。随着 RFID 应用的推广和市场的扩大，RFID 的应用将会从目前的托盘或整箱的货物跟踪逐步扩展到单品货物跟踪的水平。

三、射频识别技术分类及系统组成

一套完整的 RFID 系统由阅读器、电子标签 / 应答器、天线和计算机系统四部分组成。

阅读器：读取（在读写卡中还可以写入）标签信息的设备。

电子标签（射频卡）：由耦合元件及芯片组成，标签含有内置天线，用于和射频天线间进行通信。

天线：在标签和读取器间传递射频信号。

计算机系统：包括中间件和应用系统软件。

有的RFID系统还通过阅读器的RS-232或者RS-485接口与计算机（上位机主系统）连接，进行数据交换。射频标签是信息数据的载体，RFID系统的数据存储在射频标签之中，阅读器是用于读取标签信息的电子装置。计算机系统一般是中间件和应用系统软件的统称。标签与阅读器之间的数据交换不是通过电流的触电接通的而是通过磁场或电磁场完成的，即利用射频方式进行非接触双向通信并交换数据，以达到识别目标对象的目的。

（1）中间件。RFID中间件的功能主要包括：阅读器协调控制、数据过滤与处理、数据路由与集成和进程管理。

RFID中间件扮演着电子标签与应用程序之间的中介角色。由应用程序端使用中间件提供的一组通用应用程序接口，即能连接到RFID阅读器，读取电子标签数据。这样，即使存储电子标签信息的数据库软件或后端应用程序增加或改由其他软件取代，或者RFID阅读器种类增加等情况发生时，应用端不需修改也能处理，解决了多对多连接的维护复杂性问题。

（2）RFID应用系统软件。RFID应用系统软件是针对不同行业的特定需求开发的应用软件，它可以有效地控制阅读器对电子标签信息进行读写，并且对收集到的目标信息进行集中统计与处理。RFID应用系统软件可以集成到现有的电子商务和电子政务平台中，与ERP、CRM以及SCM等系统能够结合以提高各行业的生产效率。

电子标签的特殊性在于免用电池、免接触、免刷卡，故不怕脏污，且晶片密码为世界上唯一无法复制的密码，安全性高、寿命长。RFID的应用非常广泛，目前典型应用有动物晶片、汽车晶片防盗器、门禁管制、停车场管制、生产线自动化、物料管理等。

RFID按应用频率的不同分为低频（LF）、高频（HF）、超高频（UHF）、微波（MW），相对应的代表性频率分别为：低频135kHz以下、高频13.56MHz、超高频860～960MHz、微波2.4～5.8GHz（目前中国移动、中国联通、中国电信推广的手机支付RF-SIM卡技术就是应用该频率，而且该项核心技术就掌握在国民技术、中科讯联等中国企业手中，有可能会被推广为国际标准）。RFID按照能源的供给方式分为无源RFID、有源RFID以及半有源RFID。无源RFID读写距离近，价格低；有源RFID可以提供更远的读写距离，但是需要电池供电，成本要更高一些，适用于远距离读写的应用场合。

四、RFID 的工作原理及标准体系

（一）RFID 的工作原理

RFID 的工作原理如下：

阅读器在一定区域内发射能量形成电磁场。标签进入阅读器的射频场后，接收阅读器发出的射频脉冲，经过整流后给电容充电，当电容电压经过稳压后就可以作为标签的工作电压。

标签的数据解调部分从接收到的射频脉冲中解调出命令和数据并送到逻辑控制部分，逻辑控制部分接收指令完成存储、发送数据或其他操作。如果需要发送数据，则标签首先将数据调制后再从收发模块发送出去。阅读器接收到返回的数据后，解码并进行错误校验来决定数据的有效性，然后进行处理，必要时还可以通过 RS-232、RS-422、RS-485 等无线接口将数据传送到计算机。阅读器发送的射频信号除提供能量外，通常还提供时钟信号，使数据同步，从而简化了系统的设计。

RFID 系统的数据读写操作严格按“主从原则”进行，阅读器的所有动作均由应用软件系统来控制。为了执行应用软件发出的一条指令，阅读器必须与一个标签建立数据通信。RFID 系统中阅读器是主动方，标签只响应阅读器所发出的指令。阅读器的基本任务就是启动标签与阅读器建立通信，并在应用软件和标签之间传送数据。

从电子标签到阅读器之间的通信及能量感应方式来看，系统一般可以分成两类，即电感耦合系统和电磁反向散射耦合系统。电感耦合通过空间高频交变磁场实现耦合，依据的是电磁感应定律；电磁反向散射耦合，即雷达原理模型，发射出去的电磁波碰到目标后发射，同时目标信息被携带回来，依据的是电磁波的空间传播规律。

电感耦合方式一般适合于中、低频工作的近距离射频识别系统，典型的工作频率有 125kHz、225kHz 和 13.56MHz；利用电感耦合方式的识别系统作用距离一般小于 1m，典型的作用距离为 10 ～ 20cm。电磁反向散射耦合方式一般适用于高频、微波工作的远距离射频识别系统，典型的工作频率有 433MHz、915MHz、2.45GHz 和 5.8GHz。识别作用距离大于 1m，其典型的作用距离为 4 ～ 6m。

（二）RFID 的标准体系

目前 RFID 存在三个主要的技术标准体系：欧美的 EPC 电子产品编码标准、日本的 UID 标准和国际通用的 ISO 标准体系。

1. 欧美的 EPC 电子产品编码标准

EPC 电子产品编码标准是由电子产品代码环球协会（EPC Global）提出的。EPC Global 是由美国统一代码委员会（UCC）和国际物品编码协会（EAN）于 2003 年 9 月共同成立的非营利性组织，其前身是 1999 年 10 月 1 日在美国麻省理工学院成立的自动识别中心。EPC Global 系统是一种基于 EAN•UCC 编码的系统，EAN•UCC 标识代码是固定结构、无含义、全球唯一的全数字型代码，涵盖了贸易流通过程中各种有形或无形的产品，包括贸易项目、物流单元、位置、资产、服务关系等，并伴随着该产品或服务的流动贯穿全过程。

在 2004 年 6 月 EPC Global 正式公布了全球第一个 RFID 标准，其中 EPC Tag 设定了 5 个不同等级（Class）。

Class0：只供读取，简单被动式，仅提供在出厂时的制定号码，属只读标签。标签在出厂时即写入一组不可更改的号码，提供简单的服务辨识。

Class1：只写一次，被动式，可供一次写入，属只读标签。

Class2：重复读写，可重复读写功能，属被动式标签。

Class3：内设感应器的半被动标签，有重复读写功能，更加包含特殊的感应器，如可探测温度、湿度、运动方向的变化等，内部使用电池以增加读取距离。

Class4：属于天线，是一种半被动标签，可主动与其他标签沟通，不过还在研发中。

Auto-ID 中心以创建“物联”为使命，与众多成员企业共同制定一个统一的开放技术标准。它旗下有 100 多家欧美零售流通企业，同时上万国、微软、飞利浦、Auto-ID Lab 等公司提供技术支持。这确立了 EPC 在商业领域的地位，也加快了 RFID 技术在商业领域中的大规模应用进程。EPC 不仅仅是单纯的编码标准，实际上已经扩展为一个结合 RFID 技术和网络技术的“物联网”架构，即“EPC=EPC 代码 +RFID+Internet”，该架构由 EPC 编码、EPC 标签及阅读器、EPC 中间件、ONS 服务器和 EPCIS 服务器等构成。

2005 年 9 月 21 日，EPC Global 批准了应用层事件标准，ALE 标准是 EPC 物联网架构中对中间件的标准，ALE 定义了 RFID 软件接收和写入阅读器数据的方法。

2. 日本的 UID 标准

日本 UID 标准具有较高的知名度。UID Center 是从嵌入式操作系统的研发机构发展过来的，强调计算无处不在。它具体负责研究和推广自动识别的核心技术，即在所有的物品上植入微型芯片，组建网络进行通信。

UID 的核心是赋予现实世界中任何物理对象唯一的泛在识别号（U Code）。它具备了 128 位（128 Bit）的充裕容量，更可以用 128 位为单元进一步扩展至 256、384 或 512 位。U Code 的最大优势是能包容现有编码体系的元编码设计，可以兼容多种编码，包括 JAN、UPC、ISBN、IPV6 地址，甚至电话号码。泛在识别技术体系架构由泛在识别码、信息系统服务器、泛在通信器和 U Code 解析服务器四部分构成。

U Code 标签具有多种形式，包括条码、智能卡、电子标签等。UID 中心把标签进行分类，设立了九个级别的不同认证标准。

日本非常重视 RFID 技术的研制、开发和应用，政府始终起主导作用，各研究机构、企业大力参与。主导日本 RFID 标准研究与应用的组织是 T- 引擎论坛，该论坛已经拥有成员 475 家成员。T- 引擎论坛下属的泛在识别中心（UID）得到日本政府和各大企业的支持，目前包括微软、索尼、三菱、日立、日电、东芝、夏普、富士通、伊藤忠、大日本印刷、凸版印刷、理光等重量级企业。从近来日本 RFID 领域的动态来看，与行业应用相结合的基于 RFID 技术的产品和解决方案开始集中出现，这为 RFID 在日本的应用推广，特别是在物流等非制造领域的应用，奠定了坚实的基础。

3. 国际通用的 ISO 标准体系

与 RFID 技术和应用相关的国际标准化机构主要有国际标准化组织（ISO）、国际电工委员会（IEC）、国际电信联盟（ITU）和世界邮联（UPU）。此外，其他的区域性标准化机构（如 EPC Global、UID Center、CEN）、国家标准化机构（如 BSI、ANSI、DIN）和产业联盟（如 ATA、AIAG、EIA）等也制定与 RFID 相关的区域、国家或产业联盟标准，并通过不同的渠道提升为国际标准。

大部分 RFID 标准都是由 ISO 或与 IEC 联合组成的技术委员会（TC）或分技术委员会（SC）制定的。

ISO 有关 RFID 标准的三大系列是 14443 系列、15693 系列、18000 系列。

IS014443 系列是超短距离电子标签标准，该电子标签的读取距离为 7 ～ 15cm，使用的频率为 13.56MHz。

IS015693 系列是短距离电子标签标准，该电子标签读取距离可达 10cm，使用的频率为 13.56MHz。

IS018000 系列主要应用于货品管理类，主要用于物流供应链的管理，读取的距离较长而使用的频率介于 860 ～ 930MHz，甚至还用更高的频率。

国内 RFID 技术与应用的标准化研究工作起步比美国、日本等发达国家要晚。2003 年 2 月，国家标准化委员会颁布强制标准《全国产品与服务统一代码编码规则》，为我国实施产品的电子标签化管理打下了基础，并确定首先在药品、烟草防伪和政府采购项目上实施。此外，我国正在制定的 RFID 领域技术标准采用了 ISO/IEC15693 系列标准，该系列标准与 ISO/IEC18000-3 相对应，均在 13.56MHz 频率下工作，前者以卡的形式封装。目前，在这一频率下工作的电子标签技术已相对成熟。

在充分照顾我国国情和利用我国优势的前提下，应该参照或引用 ISO、IEC 等国际标准并做出本地化修改，这样能尽量避免引起知识产权争议，掌握国家在电子标签领域发展的主动权。

第四节 工业机器人及其控制系统

一、工业机器人概述

1962 年，美国推出的一些工业机器人的控制方式与数控机床大致相似，但外形主要由类似人的手和臂组成。后来，出现了具有视觉传感器、能识别与定位的工业机器人系统。当今工业机器人技术正逐渐向着具有行走能力、具有多种感觉能力、具有较强的对作业环境的自适应能力方向发展。目前，对全球机器人技术的发展最有影响的国家应该是美国和日本，美国在工业机器人技术的综合研究水平上仍处于领先地位，而日本生产的工业机器人在数量、种类方面则居世界首位。

（一）工业机器人应用现状及发展

工业机器人是集机械、电子、控制、计算机、传感器、人工智能等多学科先进技术于一体的现代制造业重要的自动化装备。机器人技术及其产品发展很快，已成为柔性制造系统（FMS）、自动化工厂（FA）、计算机集成制造系统（CIMS）的自动化工具。广泛采用工业机器人不仅可提高产品的质量与数量，而且对保障人身安全、改善劳动环境、减轻劳动强度、提高劳动生产率、节约材料消耗以及降低生产成本有着十分重要的意义。与计算机、网络技术一样，工业机器人的广泛应用正在日益改变着人类的生产和生活方式。

工业机器人的发展通常可划分为三代。

第一代工业机器人：通常是指目前国际上商品化与使用化的“可编程的工业机器人”，又称“示教再现工业机器人”，即为了让工业机器人完成某项作业，首先由操作者将完成该作业所需要的各种知识（如运动轨迹、作业条件、作业顺序和作业时间等），通过直接或间接手段，对工业机器人进行“示教”，工业机器人将这些知识记忆下来后，即可根据“再现”指令，在一定精度范围内，忠实地重复再现各种被“示教”的动作。1962年，美国万能自动化公司的第一台Unimate工业机器人在美国通用汽车公司投入使用，标志着第一代工业机器人的诞生。

第二代工业机器人：通常是指具有某种智能（如触觉、力觉、视觉等）功能的“智能机器人”，即由传感器得到触觉、力觉和视觉等信息，经计算机处理后，控制机器人的操作机完成相应的适当操作。1982年，美国通用汽车在装配线上为工业机器人装备了视觉系统，从而宣布了新一代智能工业机器人的问世。

第三代工业机器人：它不仅具有感知功能，而且还有一定的决策及规划能力。第三代工业机器人目前仍处在实验室研究阶段。工业机器人经历了诞生、成长、成熟期后，已成为制造业中不可缺少的核心装备，世界上约有75万台工业机器人正与工人朋友并肩战斗在各条生产线上，特种机器人作为机器人家族的后起之秀，由于其用途广泛而大有后来居上之势，仿人机器人、农业机器人、服务机器人、水下机器人、医疗机器人、军用机器人、娱乐机器人等各种用途的特种机器人纷纷面世，而且正以飞快的速度向实用化迈进。

我国工业机器人起步于20世纪70年代初期，经过多年的发展，大致经历了三个阶段：20世纪70年代的萌芽期，20世纪80年代的开发期和20世纪90年代的适用化期。①

20世纪70年代是世界科技发展的一个里程碑，人类登上了月球，实现了金星、火星的软着陆；我国也发射了人造卫星。世界上工业机器人应用掀起了一个高潮，尤其在日本发展更为迅猛，它补充了日益短缺的劳动力。在这种背景下，我国于1972年开始研制自己的工业机器人。

进入20世纪80年代后，在高技术浪潮的冲击下，随着改革开放的不断深入，我国机器人技术的开发与研究得到了政府的重视与支持。经过几年的研究，取得了一大批科研成果，成功地研制出了一批特种机器人。

从20世纪90年代初期起，我国的国民经济进入实现两个根本转变的时期，掀起了新一轮的经济体制改革和技术进步热潮，我国的工业机器人又在实践中迈进了一大步，先后研制出了点焊、弧焊、装配、喷漆、切割、搬运、包装码垛等各种用途的工业机器人，并实施了一批机器人应用工程，形成了

① 邓洲．工业机器人发展及其对就业影响[J]．地方财政研究，2016（6）：25-31.

一批机器人产业化基地，为我国机器人产业的腾飞奠定了基础。

机器人化是先进制造领域的重要标志和关键技术，针对先进制造业生产效率提高的诸多“瓶颈”问题，尤其是在汽车产业中，机器人得到了广泛的应用。在毛坯制造（冲压、压铸、锻造等）、机械加工、焊接、热处理、表面涂覆、上下料、装配、检测及仓库堆垛等作业中，机器人都已逐步取代了人工作业。

在国外，应用于制造业的机器人取得了较显著的进展，已成为一种标准设备而在工业界得到广泛应用，从而也形成了一批在国际上较有影响力的、知名机器人公司，如德国的库卡、瑞典的ABB、日本的安川等。据专家预测，机器人产业是继汽车、计算机之后出现的一种新的大型高技术产业。①

在发达国家，以工业机器人为基础的自动化生产线成套装备已成为自动化装备的主流及未来发展方向。国外汽车行业、电子电器行业、工程机械行业等已大量使用机器人自动化生产线，以保证产品质量和生产效率。目前，典型的成套装备有大型轿车壳体冲压自动化系统技术和成套装备，大型机器人车体焊装自动化系统技术和成套装备，电子电器等机器人柔性自动化装配及检测成套技术和装备，机器人发动机、变速箱装配自动化系统技术成套装备及板材激光拼焊成套装备等。这些机器人自动化成套装备的使用大大推动了其行业的快速发展。

纵观世界各国在发展工业机器人产业过程中，可归纳出三种不同的发展模式，即日本模式、欧洲模式和美国模式。

日本模式：此种模式的特点是各司其职，分层面完成交钥匙工程，即机器人制造厂商以开发新型机器人和批量生产优质产品为主要目标，并由其子公司或社会上的工程公司来设计制造各行业所需要的机器人成套系统，并完成交钥匙工程。

欧洲模式：此种模式的特点是一揽子交钥匙工程，即机器人的生产和用户所需要的系统设计制造全部由机器人制造厂商自己完成。

美国模式：此种模式的特点是采购与成套设计相结合，即美国国内基本上不生产普通的工业机器人，企业需要机器人时通常由工程公司进口，再自行设计、制造配套的外围设备，并完成交钥匙工程。

从近几年世界机器人推出的产品来看，工业机器人技术正在向智能化、模块化和系统化的方向发展，其发展趋势主要为结构的模块化和可重构化，

---

① 喻一帆．国际工业机器人产业发展路径及对我国的启示 [J]. 对外经贸实务，2016（6）：25-28.

控制技术的开放化、PC 化和网络化，伺服驱动技术的数字化和分散化，多传感器融合技术的实用化，工作环境设计的优化和作业的柔性化以及系统的网络化和智能化等。

（二）工业机器人的基本组成及类型

1. 工业机器人的基本组成

工业机器人是一种能自动定位控制并可重新编程予以变动的多功能机器。它有多个自由度，可用来搬运材料、零件和握持工具，以完成各种不同的作业。

工业机器人由主体、驱动系统和控制系统三个基本部分组成，也可细分为主构架（手臂）、手腕、驱动系统、测量系统、控制器及传感器等组成部分。主体即机座和执行机构，包括臂部、腕部和手部，有的机器人还有行走机构，主体通常为空间连杆机构。大多数工业机器人有 3 ～ 6 个运动自由度，其中腕部通常有 1 ～ 3 个运动自由度；其运动由两种基本运动组成，即沿着坐标轴的直线移动和绕坐标轴的回转运动。驱动系统包括动力装置和传动机构，用以使执行机构产生相应的动作，它可分为机械式、电气式、液压式、气动式和复合式等；控制系统是按照输入的程序对驱动系统和执行机构发出指令信号，并进行控制，一般由控制计算机和伺服控制器组成。

2. 工业机器人的类型

工业机器人按不同的方法可分为下述类型：

（1）工业机器人的机械结构部分称为操作机，工业机器人按操作机坐标形式分类（坐标形式是指操作机的手臂在运动时所取的参考坐标系的形式）。

第一，直角坐标型工业机器人。其运动部分由三个相互垂直的直线移动组成，其工作空间图形为长方形。它在各个轴向的移动距离可在各个坐标轴上直接读出，直观性强，易于位置和姿态的编程计算，定位精度高，控制无耦合，结构简单，但机体所占空间体积大，动作范围小，灵活性差，难与其他工业机器人协调工作。

第二，圆柱坐标型工业机器人。其运动形式是通过一个转动和两个移动组成的运动系统来实现的，其工作空间图形为圆柱。与直角坐标型工业机器人相比，在相同的工作空间条件下，机体所占体积小，而运动范围大，其位置精度仅次于直角坐标型机器人，难与其他工业机器人协调工作。

第三，球坐标型工业机器人。它又称极坐标型工业机器人，其手臂的运动由两个转动和一个直线移动所组成，其工作空间为一球体。它可以做上下俯仰动作并能抓取地面上或较低位置的协调工件，其位置精度高，位置误差与臂长成正比。

第四，多关节型工业机器人。它又称回转坐标型工业机器人，这种工业机器人的手臂与人体上肢类似，其前三个关节是回转副，该工业机器人一般由立柱和大小臂组成，立柱与大臂形成肩关节，大臂和小臂间形成肘关节，可使大臂做回转运动和俯仰摆动，小臂做仰俯摆动。其结构最紧凑，占地面积最小，能与其他工业机器人协调工作，但位置精度较低，有平衡问题。这种工业机器人的应用越来越广泛。

第五，平面关节型工业机器人。它采用了一个移动关节和两个回转关节移动关节实现上下运动，而两个回转关节则控制前后、左右运动。这种形式的工业机器人动作灵活，多用于装配作业中，特别适合小规格零件的插接装配，在电子工业的插接、装配中应用广泛。

（2）工业机器人按驱动方式分类。

第一，气动式工业机器人。这类工业机器人以压缩空气来驱动操作机，其优点是空气来源方便，动作迅速，结构简单，造价低，无污染；缺点是空气具有可压缩性，导致工作速度的稳定性较差，又因气源压力一般只有 6kPa 左右，所以这类工业机器人抓举力较小，一般只有几十牛顿，最大为百余牛顿。

第二，液压式工业机器人。液压压力比气压压力高得多，一般为 70kPa 左右，故液压传动工业机器人具有较大的抓举能力，可为千余牛顿。这类工业机器人结构紧凑，传动平稳，动作灵敏，但对密封要求较高，且不宜在高温或低温环境下工作。

第三，电动式工业机器人。这是目前用得最多的一类工业机器人，不仅因为电动机品种众多，为工业机器人设计提供了多种选择，也因为它们可以运用多种灵活的控制方法。早期多采用步进电机驱动，后来发展了直流伺服驱动单元，目前交流伺服驱动单元也在迅速发展。这些驱动单元有的直接驱动操作机，有的通过诸如谐波减速器的装置来减速后驱动，结构十分紧凑、简单。

（3）按机器人的控制方式分类。

第一，非伺服机器人。机器人的工作能力比较有限，按照预先编好的程序顺序进行工作，使用限位开关、制动器、插销板和定序器来控制机器人的运动。插销板用来预先规定机器人的工作顺序，而且往往是可调的。定序器按照预定的正确顺序接通驱动装置的能源。驱动装置接通能源后，带动机器人的手臂、腕部和手部等装置运动。当它们移动到由限位开关所规定的位置时，限位开关切换至工作状态，给定序器送去一个工作任务已经完成的信号，并使终端制动器动作，切断驱动能源，使机器人停止运动。

第二，伺服控制机器人。它比非伺服机器人有更强的工作能力，伺服系统的被控量可为机器人手部执行装置的位置、速度、加速度和力等。传感器取得的反馈信号与来自给定装置的综合信号用比较器加以比较后，得到误差信号，经过放大后用以激发机器人的驱动装置，进而带动手部执行装置以一定规律运动，到达规定的位置或速度等，这是一个反馈控制系统。

伺服控制机器人按执行机构运动的控制机能，又可分为点位型和连续轨迹型，点位型只控制执行机构由一点到另一点的准确定位，适用于机床上下料、点焊和一般搬运、装卸等作业；连续轨迹型可控制执行机构按给定轨迹运动，适用于连续焊接和涂装等作业。

（4）按程序输入方式分类

第一，编程输入型是将计算机上已编好的作业程序文件，通过 RS-232 串口或者以太网等通信方式传送到机器人控制柜。

第二，示教输入型的示教方法有两种：一种是由操作者用手动控制器（示教操纵盒）将指令信号传给驱动系统，使执行机构按要求的动作顺序和运动轨迹操演一遍；另一种是由操作者直接发出指令，使执行机构按要求的动作顺序和运动轨迹操演一遍。在示教过程的同时，工作程序的信息即自动存入程序存储器中，在机器人自动工作时，控制系统从程序存储器中检出相应信息，将指令信号传给驱动机构，使执行机构再现示教的各种动作。示教输入程序的工业机器人称为示教再现型工业机器人。

（三）工业机器人的主要技术指标分析

工业机器人的主要技术指标包括自由度、精度、工作空间、最大工作速度、承载能力、分辨率等。

1. 自由度

自由度又称为坐标轴数，是指机器人所具有的独立运动坐标轴的数目。机器人的自由度表示机器人动作灵活的尺度，一般以轴的直线移动、摆动或旋转动作的数目来表示，手部动作不包括在内。机器人的自由度越多，就越能接近人手的动作机能，通用性就越好。但是自由度越多，结构越复杂，对机器人的整体要求就越高，这是机器人设计中的一个矛盾。

在三维空间中描述一个物体的位姿（位置和姿态）需要 6 个自由度。工业机器人的自由度是根据其用途而设计的，可能小于 6 个自由度，也可能大于 6 个自由度。例如，A4020 装配机器人具有 4 个自由度，可以在印刷电路板上接插电子器件，PUMA562 机器人具有 6 个自由度，可以进行复杂空间曲面的弧焊作业。

2. 精度

精度包括定位精度和重复定位精度。定位精度是指机器人手部实际到达位置与目标位置之间的差异。重复定位精度是指机器人手部重复定位于同一目标位置的能力，在相同的位置指令下，机器人连续重复若干次其位置的分散情况。它是衡量一系列误差值的密集程度的，即重复度，用标准偏差表示。

3. 工作空间

机器人手腕参考点或末端操作器安装点（不包括末端操作器）所能到达的所有空间区域，一般不包括末端操作器本身所能到达的区域。机器人所具有的自由度数目及其组合不同，则其运动图形不同，而自由度的变化量（直线运动的距离和回转角度的大小）则决定着运动图形的大小。

4. 最大工作速度

工作速度是指机器人在工作载荷条件下、匀速运动过程中，机械接口中心或工具中心点在单位时间内所移动的距离或转动的角度。确定机器人手臂的最大行程后，根据循环时间安排每个动作的时间，并确定各动作同时进行或顺序进行，就可确定各动作的运动速度。分配动作时间除考虑工艺动作要求外，还要考虑惯性和行程大小、驱动和控制方式、定位和精度要求。

为了提高生产效率，要求缩短整个运动的循环时间。运动循环包括加速度启动、等速运行和减速制动三个过程。过大的加减速度会导致惯性力加大，影响动作的平稳和精度。为了保证定位精度，加减速过程往往占去较长时间。

最大工作速度是指工业机器人在主要自由度上最大的稳定速度，或手臂末端的最大合成速度。

5. 承载能力

承载能力指机器人在工作范围内的任何位姿上所能承受的最大重力，用质量、力矩、惯性矩来表示。负载大小主要考虑机器人各运动轴上的受力和力矩，包括手部的质量、抓取工件的质量，以及由运动速度变化而产生的惯性力和惯性力矩。一般低速运行时，承载能力大，为安全考虑，规定在高速运行时所能抓取的工件质量作为承载能力指标。承载能力不仅取决于负载的质量，还与机器人运行的速度和加速度有关。目前使用的工业机器人的承载能力范围较大，最大可达 9kN。

6. 分辨率

分辨率是指机器人每根轴能够实现的最小移动距离或最小转动角度。精度和分辨率不一定相关，一台设备的运动精度是指命令设定的运动位置与该设备执行此命令后能够达到的运动位置之间的差距，分辨率则反映了实际需要的运动位置和命令所能够设定的位置之间的差距。

二、工业机器人控制系统概述

（一）工业机器人控制系统的基本功能及组成

1. 工业机器人控制系统的基本功能

工业机器人控制系统是机器人的重要组成部分，用于对操作机的控制，以完成特定的工作任务，其基本功能如下：

（1）记忆功能。记忆存储作业顺序、运动路径、运动方式、运动速度和与生产工艺有关的信息。

（2）示教功能。它包括离线编程、在线示教、间接示教，在线示教包括示教盒和导引示教两种。

（3）与外围设备联系功能。外围设备包括输入和输出接口、通信接口、网络接口、同步接口。

（4）坐标设置功能。一般有关节、绝对、工具、用户自定义四种坐标系。

（5）位置伺服功能。它包括机器人多轴联动、运动控制、速度和加速度控制、动态补偿等。

（6）故障诊断安全保护功能。它包括运行时系统状态监视、故障状态下的安全保护和故障自诊断。

2. 工业机器人控制系统的组成

工业机器人控制系统的组成如下：

（1）控制计算机。控制系统的调度指挥机构一般为微型机、微处理器，有 32 位、64 位等，如奔腾系列 CPU 以及其他类型 CPU。

（2）示教盒。示教盒用于示教机器人的工作轨迹和参数设定，以及所有人机交互操作，它拥有自己独立的 CPU 以及存储单元，与主计算机之间以串行通信方式实现信息交互。

（3）操作面板。它由各种操作按键、状态指示灯构成，只完成基本功能操作。

（4）硬盘和软盘存储。它们是存储机器人工作程序的外围存储器。

（5）数字和模拟量输入输出。它包括各种状态和控制命令的输入或输出。

（6）打印机接口。它记录需要输出的各种信息。

（7）传感器接口。它用于信息的自动检测，实现对机器人的柔顺控制，一般为力觉、触觉和视觉传感器。

（8）轴控制器。它用于完成机器人各关节位置、速度和加速度控制。

（9）辅助设备控制。它用于和机器人配合的辅助设备控制，如手爪变位器等。

（10）通信接口。它用于实现机器人和其他设备的信息交换，一般有串行接口、并行接口等。

（11）网络接口。以太网（Ethernet）接口可通过以太网实现数台或单台机器人的直接PC通信，数据传输速率高达10Mb/s，可直接在PC上用Windows库函数进行应用程序编程之后，支持TCP/IP通信协议，通过Ethernet接口将数据及程序装入各个机器人控制器中；现场总线（Fieldbus）接口支持多种流行的现场总线规格，如Device Net、AB Remote I/O、Interbuss、profibus-DP、M-NET等。

（二）工业机器人控制系统的结构

工业机器人控制系统的组成形式主要决定了系统中各部件的逻辑关系和数据的传输、处理。控制系统的组成形式是机器人体系结构的具体化、实例化。对于工业机器人控制系统，需要先考虑其硬件平台。目前，开放式机器人控制系统的硬件平台基本可以分为两类：基于VME总线的系统和基于PC总线的系统。基于VME总线的系统通常采用Vxworks、Unix操作系统以及Unix扩展版本，该总线广泛应用于工业控制、军事、航空和交通等领域。PC总线是一种开放性总线，具有模块化、开放性、可嵌入等特点。基于PC的控制系统是工业机器人开放式控制系统开发的主要方向。

控制系统的结构将直接决定系统最后的实现样式。机器人控制系统可归纳为两种结构形式：集中式控制系统和分布式控制系统。

1. 集中式控制系统

集中式控制系统（CCS）是指利用一台微型计算机实现系统的全部控制功能，在早期的机器人中常采用这种结构。基于PC的集中控制系统充分利用了PC资源具有开放性的特点，可以实现很好的开放性。多种控制卡、传感器设备等都可以通过标准PCI插槽或通过标准串口、并口集成到控制系统中。

集中式控制系统的优点是：硬件成本较低，便于信息的采集和分析，易于实现系统的最优控制，整体性与协调性较好，基于PC的系统硬件扩展较为方便。其缺点也显而易见：系统控制缺乏灵活性，控制危险容易集中，一旦出现故障，其影响面广，后果严重；由于对工业机器人的实时性要求很高，当系统进行大量数据计算时，会降低系统的实时性，系统对多任务的响应能力也会与系统的实时性相冲突；系统连线复杂，会降低系统的可靠性。

2. 分布式控制系统

分布式控制系统（DCS）的主要思想是“分散控制，集中管理”，即系统对其总体目标和任务可以进行综合协调和分配，并通过子系统的协调工作来完成控制任务，整个系统在功能、逻辑和物理等方面都是分散的，所以DCS 系统又称为集散控制系统或分散控制系统。在这种结构中，子系统是由控制器和不同被控对象或设备构成的，各个子系统之间通过网络等相互通信。分布式控制结构提供了一个开放、实时、精确的机器人控制系统。

分布式控制系统中常采用两级控制方式。两级分布式控制系统通常由上位机、下位机和网络组成。上位机可以进行不同的轨迹规划和控制算法，下位机进行插补细分、控制优化等的研究和实现。上位机和下位机通过通信总线相互协调工作，这里的通信总线可以是 RS-232、RS-485、EEE-488 以及 USB 总线等。现在，以太网和现场总线技术的发展为机器人提供了更快速、稳定、有效的通信服务。尤其是现场总线，它应用于生产现场，在微机化测量控制设备之间实现双向多结点数字通信，从而形成了新型的网络集成式全分布控制系统，即现场总线控制系统（FCS）。在工厂生产网络中，将可以通过现场总线连接的设备统称为现场设备 / 仪表。从系统论的角度来说，工业机器人作为工厂的生产设备之一，也可以归纳为现场设备。在机器人系统中引入现场总线技术后，更有利于机器人在工业生产环境中的集成。

分布式控制系统的优点在于：系统灵活性好，控制系统的危险性降低，采用多处理器的分散控制，有利于系统功能的并行执行，提高系统的处理效率，缩短响应时间。对于具有多自由度的工业机器人而言，集中控制对各个控制轴之间的耦合关系处理得很好，可以很简单地进行补偿。但是，当轴的数量增加到使控制算法变得很复杂时，其控制性能会恶化。另外，当系统中轴的数量或控制算法变得很复杂时，可能会导致系统的重新设计。与之相比，分布式结构的每一个运动轴都由一个控制器处理，这意味着系统有较少的轴间耦合和较高的系统重构性。

（三）工业机器人控制系统的上位控制

在一个机器人控制系统中“上位控制”和“执行机构”是系统中举足轻重的两个组成部分。“执行机构”部分一般包括步进电机、伺服电机以及直流电机等。它们作为执行机构，带动刀具或工件动作，人们称之为“四肢”；“上位控制”单元的方案主要有三种：单片机系统、专业运动控制（PLC），

PC+ 运动控制卡。“上位控制”是“指挥”执行机构动作的单元，人们也称之为“大脑”。

1. 用单片机系统来实现运动控制

此系统由单片机芯片、外围扩展芯片以及通过搭建外围电路组成。在“位置控制”时，由单片机的 I/O 口发出数字脉冲信号来控制执行机构行走；“速度控制”时，需加 D/A 转换模块输出模拟量信号以达到控制。此方案的优点在于成本较低，但由于一般单片机 I/O 口产生的脉冲频率不高，对于分辨率高的执行机构尤其是对于控制伺服电机来说，存在速度达不到、控制精度受限等缺点。对于运动控制复杂的场合，如升降速的处理，多轴联动，直线、圆弧插补等功能实现起来都需要自己编写算法，这必将带来开发起来难度较大，研发周期较长，调试过程烦琐，系统一旦定型不太容易扩充功能、升级、柔性不强等问题。因此，这种方案一般适用于产品批量较大、运动控制系统功能简单且有丰富的单片机系统开发经验的用户。

2. 采用专业运动控制来实现运动控制

目前，许多品牌的 PLC 都可选配定位控制模块，有些 PLC 的 CPU 单元本身就具有运动控制功能（如松下 NAIS 的 FPO 系列），包括脉冲输出功能、模拟量输出等。使用这种 PLC 来做运动控制系统的上位控制时，可以同时利用 PLC 的 I/O 口功能，可谓一举两得。PLC 通常都采用梯形图编程，对开发人员来说简单易学，省时省力。另外，它可以与人机界面（HMI）进行通信，在线修改运动参数，如轴号、速度、位移等。这样，整个控制系统从输入到控制再到显示，都非常便利。一方面将界面友好化，另一方面将控制系统的成本从整体上节省了。但具有脉冲输出功能的 PLC 大多都是晶体管输出类型，这种输出类型的输出口驱动电流不大，一般只有 0.1 ～ 0.2A。在工业生产中，作为 PLC 驱动的负载来说，很多继电器开关的容量都要比较大，需要添加中间放大电路或转换模块。同时，由于 PLC 的工作方式（循环扫描）决定了它作为上位控制时的实时性能不是很强，受 PLC 每步扫描时间的限制，使控制执行机构进行复杂轨迹的动作就不太容易实现。虽说有的 PLC 已经有直线插补、圆弧插补功能，但由于其本身的脉冲输出频率也是有限的（一般为 10 ～ 100kHz），对于诸如伺服电机的高速、高精度、多轴联动、高速插补等动作，它实现起来仍然较为困难。这种方案主要适用于运动过程比较简单、运动轨迹固定的设备，如送料设备、自动焊机等。

3. 采用 PC+ 运动控制卡来实现运动控制

随着 PC 的发展和普及，采用 PC+ 运动控制卡作为上位控制将是机器人控制系统的一个主要发展趋势。这种方案可充分利用计算机资源，用于运动过程、运动轨迹都比较复杂且柔性比较强的机器和设备。从用户使用的角度来看，它与基于 PC 机的运动控制卡主要存在功能上的差别：硬件接口（输入 / 输出信号的种类、性能）和软件接口（运动控制函数库的功能函数）。其按信号类型一般分为数字卡和模拟卡。数字卡一般用于控制步进电机和伺服电机。模拟卡用于控制模拟式的伺服电机；数字卡可分为步进卡和伺服卡，步进卡的脉冲输出频率一般较低（最高可达几百千赫兹的频率），适用于控制步进电机；伺服卡的脉冲输出频率较高（最高可达几兆赫兹的频率），能够满足对伺服电机的控制。

从运动控制卡的主控芯片来看，一般有三种形式：单片机、专用运动控制芯片、数据信号处理（DSP）。

以单片机为主控芯片的运动控制卡成本较低，外围电路较为复杂。由于这种方案仍采用在程序中靠延时来控制发脉冲，脉冲波形的质量和频率都受到限制，一般用这种卡控制步进电机。以专用运动控制芯片为主控芯片的运动控制卡成本较高，但其运动控制功能由硬件电路实现，而且集成度高，所以可靠性、实时性都比较好；输出脉冲频率可以达到几兆赫兹，能够满足对步进电机和数字式伺服电机的控制。以 DSP 为主控芯片的运动控制卡利用了 DSP 对数字信号的高速处理，能够实时完成极其复杂的运动轨迹，常用于工业机器人等运动复杂的自动化设备中。

运动控制卡是基于 PC 机各种总线的步进电机或数字式伺服电机的上位控制单元，总线形式也多种多样，通常使用的是基于 ISA 总线、PCI 总线的。由于计算机主板的更新换代，指令集体系架构（ISA）插槽越来越少，PCI 总线的运动控制卡应该是目前的主流。CPU 构成主从式双 CPU 控制模式：PC 机 CPU 可以专注于人机界面、实时监控和发送指令等系统管理工作；卡上专用 CPU 来处理所有运动控制的细节，如升降速计算、行程控制、多轴插补等，不需要占用 PC 机资源。同时随卡还提供功能强大的运动控制软件库，如 C 语言运动库、Windows DLL 动态链接库等，让用户更快、更有效地解决复杂的运动控制问题。

控制卡接受主 CPU 的指令，进行运动轨迹规划，包括脉冲和方向信号的输出、自动升降速处理、原点和限位开关等信号的检测等。每块运动控制卡可控制多轴步进电机或数字式伺服电机，并支持多卡共用，以实现更多运动轴的控制；每个轴都可以输出脉冲和方向信号，并可输入原点、减速、限位等开关信号，以实现回原点、限位保护等功能。开关信号由控制卡自动检测并做出反应。

控制卡的运动控制功能主要取决于运动函数库。运动函数库为单轴及多轴的步进或伺服控制提供许多运动函数：单轴运动、多轴独立运动、多轴插补运动等。另外，为了配合运动控制系统的开发，还提供了一些辅助函数，如中断处理、编码器反馈、间隙补偿、运动中变速等。

（四）工业机械手控制系统

1. 机械手的控制要求

机械手的动作有水平手臂的伸缩、垂直手臂的升降、执行手爪的加紧与松开以及腰部的旋转。其中，垂直升降和水平伸缩由液压缸实现驱动，而液压缸又由相应的电磁阀控制。其中，升降分别由双线圈的两位电磁阀控制，如当下降电磁阀通电时，机械手下降；当下降电磁阀断电时，机械手下降停止。只有当上升电磁阀通电时，机械手才上升；而当上升电磁阀断电时，机械手上升停止。

水平方向的伸缩主要由电液伺服阀、伺服驱动器、感应式位移传感器构成的回路进行调节控制。执行手爪的加紧与放松通过柱塞缸与齿轮来实现。柱塞缸由单线圈的电磁阀（夹紧电磁阀）来控制，当线圈不通电时，柱塞缸不工作；当线圈通电时，柱塞缸工作冲程，手爪张开，柱塞缸工作回程，手爪闭合。

当机械手旋转到机床上方时并准备下降进行上下料工作时，为了确保安全，必须在机床停止工作并发出上下料命令时，才允许机械手下降进行作业。同时，从工件料架上抓取工件时，也要先判断料架上有无工件可取。

2. 机械手的控制流程

机械手的控制流程从原点开始，按下启动键，且有上下料命令，则水平液压缸开始前伸并进行伺服定位，前伸到位后，停止前伸→下降电磁阀通电，同时手爪柱塞缸电磁阀也通电，机械手下降，同时张开手爪，下降到位后碰到下限行程开关，下降电磁阀断电，下降停止，同时手爪夹紧，抓住工件→上升电磁阀通电，机械手开始上升，上升到位后，碰到上限位开关，上升电磁阀断电，上升停止→ PLC 开始输出高速脉冲，驱动机械手逆时针转动，当转过 90° 到位后，PLC 停止输出脉冲，机械手停止转动→下降电磁阀通电，机械手下降，下降到位后，碰到下限行程开关，下降电磁阀断电，下降停止，机械手到达卡盘中心高度→机械手开始水平定位后缩，将工件装入机床卡盘→当工件装入到位后，卡盘收紧→机械手松开手爪，准备离开→上升电磁阀通电，机械手开始上升，上升到位后，碰到上限位开关，上升电磁阀断电，上升停止→ PLC 启动高速脉冲驱动机械手做顺时针转动，当转过 90° 到位后，PLC 停止输出脉冲，机械手停止转动，机械手回到原点待命→机床进行加工。

当数控机床加工完一个工件时，发送下料命令给机械手，机械手接到命令后，PLC 马上输出脉冲驱动机械手逆时针转动，当转过 90° 到位后，PLC 停止输出脉冲，机械手停止转动→下降电磁阀通电，同时手爪柱塞缸电磁阀也通电，机械手下降且张开手爪，下降到位后碰到下限行程开关，下降电磁阀断电，下降停止且手爪夹紧，夹紧已加工好的工件→机床卡盘松开，机械手开始前伸，将工件从机床上取出，准备运走→上升电磁阀通电，机械手开始上升，上升到位后，碰到上限位开关，上升电磁阀断电，上升停止→ PLC 输出高速脉冲，驱动机械手顺时针转动，当转过 90° 到位后，PLC 停止输出脉冲，机械手停止转动→下降电磁阀通电，机械手下降，下降到位后碰到下限行程开关，下降电磁阀断电，下降停止→接着手爪柱塞缸电磁阀通电，手爪张开，放下工件准备离开→上升电磁阀通电，机械手开始上升，上升到位后，碰到上限位开关，上升电磁阀断电，上升停止同时手爪也闭合复原→机械手水平手臂开始后缩，准备回到原点，当后缩到位时，后缩停止，机械手回到原点，一个上下料过程结束→机械手在原点等待命令，准备下一个工作循环。

3. 机械手控制系统的控制器选型与外部接线设计

机械手控制系统的硬件设计考虑到机械手工作的稳定性、可靠性以及各种控制元件连接的灵活性和方便性，控制器选择有极高可靠性、专门面向恶劣工业环境设计开发的 PLC，选择在国内应用较多的西门子 S7-200 型 PLC。

西门子 CS7-200 型 PLC 包括一个单独的中央处理单元 S7-200CPU，或者带有电源以及数字量 I/O 点的各种各样的可选扩展模块，这些都被集成在一个紧凑、独立的设备中。西门子 CS7-200CPU224 集成 14 输入 /10 输出共 24 个数字量 I/O 点，可连接 7 个扩展模块，最大扩展至 168 路数字量 I/O 点或 35 路模拟量 I/O 点。16K 字节程序和数据存储空间有 6 个独立的 30kHz 高速计数器、2 路独立的 20kHz 高速脉冲输出，具有 PID 控制器；1 个 RS485 通信 / 编程口，具有 PPI 通信协议、MPI 通信协议和自由方式通信能力。I/O 端子排可整体拆卸，是具有较强控制能力的控制器。

为适应水平手臂液压缸的伺服定位的控制要求，利用西门子 CS7-200 型（CPU224）PLC，考虑到位移传感器和伺服放大器工作采用的都为模拟量，故增加一个模拟量输出模块 EM-232；鉴于伺服放大器和位移传感器的输入要求，PLC 的模拟量采用 -10 ～ +10V 输入输出。

4. 机械手控制系统的资源配置

因为机械手作业时，取工件、放工件、安装工件、卸下工件都有定位精度的要求，所以在机械手控制中，除了要对垂直手臂、执行手爪液压缸和腰部步进驱动进行开环控制外，还要水平手臂进行闭环伺服控制。

为了减少 PLC 的 I/O 点数，以伺服放大器作为闭环的比较点。伺服放大器具有传感器反馈输入端，给定的输入信号和反馈信号进行比较后形成的控制信号经过 PID 调节和功率放大后，驱动电液伺服阀对液压缸进行伺服定位。PLC 将上位机输入的给定信号转换为电压信号，输出至伺服放大器，由伺服放大器作为闭环比较点，组成模拟控制系统。这种方案使得 PLC 控制量少（尤其是模拟量），节省了系统资源，而且编程简单，不必过多考虑控制算法等优点，也是完全能满足工作要求的。

5. 机械手控制系统软件

机械手控制系统软件采用模块化结构，包括初始化、启动预告、启动停车三段程序。在编程中，机械手的动作顺序及各种动作时间的间隔采用按时间原则控制。为保证各设备安全，在设备出现故障或紧停时，机械手将立即停止动作，在编程逻辑图时，引入了相关的制约条件和辅助继电器。

机械手控制系统的软件设计采用西门子 CS7-200 型 PLC 的编程软件 STEP7-Micro/WIN32 进行，通过编程给出具体控制程序梯形图并进行编译和调试。

第六章 智能控制设计及其应用

智能控制的被控对象往往具有非线性、时变性、不确定性等复杂特性，为了提高智能控制的性能，在控制过程中智能控制器的控制参数乃至结构参数应该根据被控动态特性的需要不断自适应地调整。因此，智能控制系统不仅有好的控制策略或控制规律、控制算法，还必须包括必要的智能优化算法，用以在控制过程中实时地优化必要的控制参数。本章论述智能控制与智能优化融合发展、基于粒子群优化的模糊控制器设计、基于 RBF 神经网络优化 PID 控制参数、基于免疫算法的模糊神经控制器。

第一节 智能控制与智能优化融合发展

一、智能控制与智能优化的融合

通常情况下，采用智能控制的被控对象都是难以建立精确数学模型的，它们往往具有复杂的动态特性。为了提高智能控制系统对这样复杂对象的控制性能，除了要设计良好的智能控制规律外，还必须采用智能优化方法对智能控制过程中的参数进行优化，以确保智能控制全过程始终处于最优的状态。基于这样的思想，智能控制和智能优化融合的结构可以用图 6-1 加以表示。

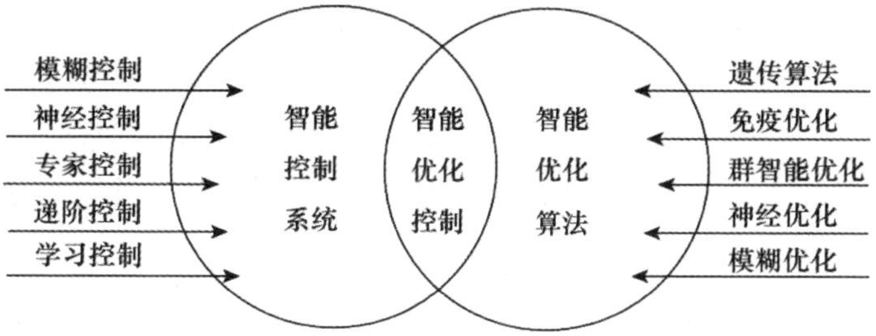

图 6-1 智能控制和智能优化融合的结构

早期有关智能控制的提法是将运筹学引入自动控制与人工智能相融合的智能控制中，目的是对智能控制进行优化。传统运筹学是基于精确数学模型求解的优化方法，因为智能控制的被控对象往往难以建立精确的数学模型，所以采用不基于精确数学模型的智能优化算法取代运筹学优化方法是自然、合理的。

智能控制和智能优化的融合目的是应用快速智能优化算法在线优化智能控制参数乃至结构，以达到智能控制系统的最优控制性能。

二、智能优化快速算法的类型

尽管智能优化算法的种类很多，但是许多智能优化算法的优化过程时间较长，因此，难以满足在线实时优化的要求。其中粒子群优化算法、RBF 神经网络学习算法、CMAC 神经网络学习算法、克隆选择免疫算法比其他优化算法的优化速度快得多，因此，在实时智能控制系统中获得了较广泛的应用。

必须指出，大部分被控过程对象的参数多为慢时变，因此，在对智能控制器参数优化过程中，如果在被控系统控制周期内所采用的某种智能优化算法能够完成优化求解过程，并能及时地完成对智能控制器参数进行调整，那么可以认为这种智能优化算法对于这样的被控对象的优化过程是在线的、实时的。

在某些情况下，对智能控制器的参数优化过程可分成两步：首先进行粗优化；其次再精优化。可以根据实际需要，粗优化采用一种不需要优化速度太快的智能优化算法，而精优化采用另一种优化速度快的智能优化算法。对于后者往往可以设计成具有解析形式描述的自适应调整函数的优化形式，这样不仅优化调整过程可以实现连续化，而且简单、便于实现、实时性好。

第二节 基于粒子群优化的模糊控制器设计

为避免模糊控制器设计中参数的复杂调试过程并使其获得最佳控制性能，有文献中提出应用粒子群优化算法对模糊控制器参数进行优化设计。针对常规模糊控制器稳态精度欠佳的弱点，采用模糊控制与 PID 控制相结合的双模控制以有效消除静态偏差。通过对参数具有严重不确定性、多扰动以及大迟延的电厂主蒸汽温度被控对象的仿真研究表明，粒子群算法寻优速度快，计算量小，对模糊控制器参数的优化设计是非常有效的，使得主汽温控制系统在不同负荷下均获得良好的调节品质。

一、粒子群优化算法 PSO

PSO 算法采用速度－位置搜索模型，优化问题的每一个可能解都喻为搜索空间中的一只“鸟”，算法中称之为粒子，解的优劣程度由适应度函数决定。在每一次迭代中，粒子通过跟踪两个最优解来更新自己，最终达到从全空间搜索最优解的目的：一个是粒子自身所找到的最优解，称为个体最优解；另一个是整个种群目前找到的最优解，称为全局最优解。①

PSO 算法中的每一个粒子都被赋予了一个随机速度并在整个问题空间中流动，粒子具有记忆功能和模仿功能，粒子的进化主要是通过粒子之间的合作与竞争来实现的。

假设 N 维搜索空间中有 m 个粒子，其中粒子 $i\left(i=1,\ 2,\ \cdots,\ m\right)$ 的空间位置为 $X_i=\left(x_{i1},\ x_{i2},\ \cdots,\ x_{iN}\right)$，将 X_i 代入目标函数可以计算出其适应值，根据适应值的大小衡量 X_i 的优劣。粒子 i 所经历过的最优位置记为 $P_i=\left(p_{i1},\ p_{i2},\ \cdots,\ p_{iN}\right)$，相应的适应值称为个体最优解 $\left(P_{besti}\right)$，整个粒子群经历过的最优位置记作 $P_g=\left(p_{g1},\ p_{g2},\ \cdots,\ p_{gN}\right)$，其对应的适应值称为全局最优解 $\left(g_{best}\right)$。粒子 i 的搜索速度表示为 $V_i=\left(v_{i1},\ v_{i2},\ \cdots,\ v_{iN}\right)$，则粒子根据下面的式（6-1）来更新自己的速度和位置：

$$v_{in}=wv_{i1}=c_1r_1\left(p_{in}-x_{in}\right)+c_2r_2\left(p_{gn}-x_{gn}\right) \tag{6-1}$$

式中，$i=1,\ 2,\ \cdots,\ m$；$n=1,\ 2,\ \cdots,\ N$；w 为惯性因子，调整其大小可以改变粒子群搜索能力的强弱；c_1 和 c_2 为学习因子，非负常数，通常取值为 2；r_1 和 r_2 是介于 [0，1] 之间两个独立的随机数；$x_{in}\in\left[x_{\min n},\ x_{\max n}\right]$，根据实际问题来确定粒子的取值范围；$v_{in}\in\left[-v_{\min n},\ v_{\max n}\right]$，单步前进的最大值根据粒子的取值区间长度来确定，通常不大于区间长度的 20%。群体规模通常取 20 ～ 40，以便可以取得较好的效果，对于大规模问题可以取相对较大的种群。

由式（6-1）可知，粒子的飞行速度由三部分组成。

第一部分是粒子的惯性速度，反映了粒子具有记忆的特点，有扩展搜索空间的趋势。引入惯性因子的作用是调整算法全局和局部搜索能力的平衡。较大的 w 值有利于跳出局部极小点，而较小的 w 值有利于算法收敛。因此，有研究人员提出了自适应调整的策略，即随着迭代的进行，线性地减小 w 的值。

第二部分是“自身认知”部分，反映粒子对自身的思考。如果没有“自我认知”，即 c_1=0，粒子群有能力到达新的搜索空间，但对复杂问题，更容

① 杨洋，张秋菊．粒子群算法自寻优模糊 PID 控制器设计 [J]. 机械制造与自动化，2018（3）：207-210.

易陷入局部最优值。

第三部分是“社会信息”部分，反映粒子之间的信息共享和相互合作，粒子自身的认知被其他粒子所模仿。如果没有“社会信息”部分，即 $c_2=0$，则粒子之间没有交互信息，一个规模为 m 的群体等价于 m 个单个粒子的运行，因而得到最优解的概率非常小。PSO 算法的流程如图 6-2 所示。

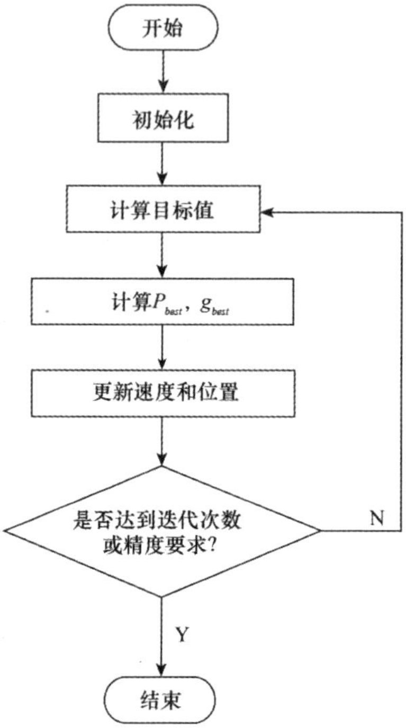

图 6-2 粒子群优化算法流程图

二、模糊控制器的基本设计原理

模糊控制不依赖于系统精确的数学模型，特别适用于具有非线性、时变性等动态特性的复杂对象的控制。设计模糊控制规则是人们的知识、经验、策略的集中体现。绝大多数模糊控制器都采用二维模糊变量的形式，输入选择系统误差（e）和误差变化率（ec=de/dt），根据 e 和 ec 产生合适的控制量（u），以便系统保持整体最佳的控制性能。

设 e，ec 和 u 分别为误差 E，误差变化 EC 和控制量 U 论域上所对应的模糊变量，它们的论域均取为 $\left[-6, -5, -4, -3, -2, -1, 0, 1, 2, 3, 4, 5, 6\right]$。模糊控制器的设计包括模糊化、模糊推理、去模糊化三个基本部分。

（一）模糊控制器的模糊化

模糊化的作用是将精确量 e 和 ec 分别转化为相应论域的模糊变量，引入

量化因子 k 和 k_{ec}，令

$$\begin{aligned} e &\leftarrow e / k_e \\ ec &\leftarrow ec / k_{ec} \end{aligned} \tag{6-2}$$

采用论域非等距离离散方法，将量化后的 e 和 ec 划分为如式（6-3）及式（6-4）所示的若干等级：

$$|E|\begin{cases} 0 & |e| \leqslant p_1 \\ 1\operatorname{sgn}(e) & p_1 < |e| \leqslant p_2 \\ 2\operatorname{sgn}(e) & p_2 < |e| \leqslant p_3 \\ 3\operatorname{sgn}(e) & p_3 < |e| \leqslant p_4 \\ 4\operatorname{sgn}(e) & p_4 < |e| \leqslant p_5 \\ 5\operatorname{sgn}(e) & p_5 < |e| \leqslant p_6 \\ 6\operatorname{sgn}(e) & |e| > p_6 \end{cases} \tag{6-3}$$

$$|EC|\begin{cases} 0 & |ec| \leqslant q_1 \\ 1\operatorname{sgn}(ec) & q_1 < |ec| \leqslant q_2 \\ 2\operatorname{sgn}(ec) & q_2 < |ec| \leqslant q_3 \\ 3\operatorname{sgn}(ec) & q_3 < |ec| \leqslant q_4 \\ 4\operatorname{sgn}(ec) & q_4 < |ec| \leqslant q_5 \\ 5\operatorname{sgn}(ec) & q_5 < |ec| \leqslant q_6 \\ 6\operatorname{sgn}(ec) & |ec| > q_6 \end{cases} \tag{6-4}$$

其中，符号函数 sgn(·) 表示 E 和 e 同号，EC 和 ec 同号。

（二）模糊控制器的模糊推理

模糊控制器的性能在很大程度上取决于模糊控制规则确定的合理性及可调整性。为便于调整起见，对每个误差等级都各自引入一个加权因子，从而构成了如式（6-5）所示的带多个加权因子的控制规则，这样有利于满足系统在不同被控状态下对加权因子的不同要求。

$$\Delta U=\begin{cases} \langle a_0E+(1-a_0)EC\rangle & E=0 \\ \langle a_1E+(1-a_1)EC\rangle & E=\pm 1 \\ \langle a_2E+(1-a_2)EC\rangle & E=\pm 2 \\ \langle a_3E+(1-a_3)EC\rangle & E=\pm 3 \\ \langle a_4E+(1-a_4)EC\rangle & E=\pm 4 \\ \langle a_5E+(1-a_5)EC\rangle & E=\pm 5 \\ \langle a_6E+(1-a_6)EC\rangle & E=\pm 6 \end{cases} \tag{6-5}$$

式中，$\langle\bullet\rangle$为取整运算符；a_0，a_1，…，a_6是根据需要确定的权系数，它们的大小体现了对误差和误差变化的不同加权程度，不同的误差等级引入不同的加权因子以实现对模糊控制规则的自调整。

（三）模糊控制器的去模糊化

去模糊化的作用是将模糊控制量（ΔU）；转化为精确控制量（Δu），需引入比例因子（k），于是有

$$\begin{aligned}\Delta u &= k_u \bullet \Delta U \\ u &= u_0 + \Delta u\end{aligned} \quad (6\text{-}6)$$

将每次采样值e和ec依次执行式（6-2）～式（6-6），即可得到控制量（u），按上述方案设计的模糊控制器的性能由参数$\{k_e,\ k_{ec},\ k_u,\ p_1 \sim p_6,\ q_1 \sim q_6,\ a_1 \sim a_6\}$决定，对模糊控制器的设计即转化为求取上述参数的适当值以使控制性能指标满足给定要求的优化问题。

三、粒子群优化的模糊控制器在主汽温控制中的运用

（一）主汽温对象控制通道的特性

主汽温对象控制通道具有迟延、大惯性和时变性。影响主汽温对象动态特性的工况参数主要有主蒸汽流量、主蒸汽压力及主蒸汽温度，其中主蒸汽流量（负荷）的影响最为明显。随着主蒸汽流量（负荷）的变化，主蒸汽对象模型参数变化明显，特别是惰性区的时间常数以及导前区的静态增益，主蒸汽温度还具有分布参数和多扰动的特点。[①]因此，常规 PID 控制很难达到预期的效果，多采用主汽温串级模糊控制方案，如图 6-3 所示。

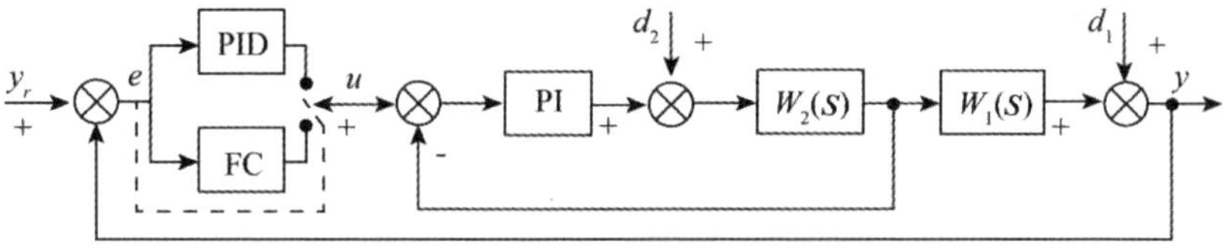

图 6-3 串级主汽温控制系统框图

图 6-3 中，$W_1(s)$为惰性区传递函数，$W_2(s)$为导前区传递函数；PI 为内回路比例积分控制器，FC/PID 为外回路模糊和 PID 双模控制器；d_1为输出测量干扰，d_2为控制量干扰；y_r为给定值，y为输出测量值。

① 黄斌，谢国进，梁武三，等 . 基于混合型模糊 PID 的加热炉温度控制系统应用 [J]. 电气传动，2018（2）：43-46.

（二）PSO 模糊控制与 PID 双模控制

采用前述的模糊控制器的控制性能取决于22个参数$\{k_e, k_{ec}, k_u, p_1 \sim p_6, q_1 \sim q_6, a_1 \sim a_6\}$。由于模糊控制器中没有积分环节，因此系统稳态性能不好，在稳定值附近极易产生偏差和极限环振荡。为了改善模糊控制器的稳态性能，当系统误差小于某设定值时，无扰切换到PID控制，设定值根据实际情况决定。PID控制器的典型传递函数如下式：

$$u(t) = K_p + \frac{K_I}{s} + K_D s \quad (6\text{-}7)$$

PID参数整定本质上是基于一定目标函数的参数寻优问题。目标函数即适应度函数，这里采用能反映系统调节品质的绝对误差的一阶矩积分，用Q表示粒子当前的适应值，则有

$$Q = C + \int_0^{\infty} t|e|dt \quad (6\text{-}8)$$

其中，C为一较大的常数，从而Q值越大表示粒子的适应值越高。

粒子群优化的模糊控制器和PID控制器参数的确定是基于目标函数Q对25个参数$\{k_e, k_{ec}, k_u, p_1 \sim p_6, q_1 \sim q_6, a_1 \sim a_6, K_P, K_I, K_D\}$的寻优问题。

系统调节过程中，为了避免模糊控制和PID控制切换时控制量的突变和抖动，PID的输出和模糊控制器的输出必须始终相互跟踪，以实现无扰切换。

（三）主汽温模糊控制的系统仿真结果

某一超临界600MW直流锅炉高温过热器在3个典型负荷下主汽温对喷水扰动的动态特性见表6-1。

表 6-1　典型负荷下主汽温的动态特性

负荷 D/kg•s^{-1}	导前区 /℃•kg^{-1}s	惰性区 /℃•℃$^{-1}$
50%（D=242.2）	$-3.067/(1+25s)^2$	$1.119/(1+42.1s)^7$
75%（D=347.9）	$-1.657/(1+20s)^2$	$1.202/(1+27.1s)^7$
100%（D=527.8）	$-0.815/(1+18s)^2$	$1.276/(1+18.4s)^6$

以75%负荷为优化点，在内环固定参数PI控制器取比例增益K_P=10和积分增益K_I=0.1的基础上，使用PSO算法对外回路控制器参数寻优。PSO群体规模取20，最大迭代次数取1 000，$v_{\max n}$为变量取值区间的5%，c_1和c_2均取1.5，w取0.73，系统采样时间取5s。

该系统在不同负荷下的单位阶跃响应曲线如图6-4～图6-6所示，图中实线为被控量响应曲线，虚线指示给定值。从仿真结果可以看出，所优化的控制器具有很好的设定值跟踪能力，具有很强的负荷适应性和鲁棒性。

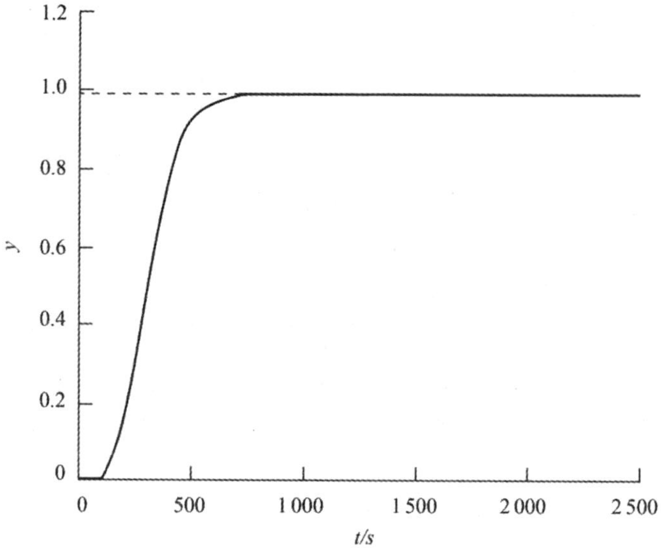

图 6-4 50%复合主汽温系统阶跃响应

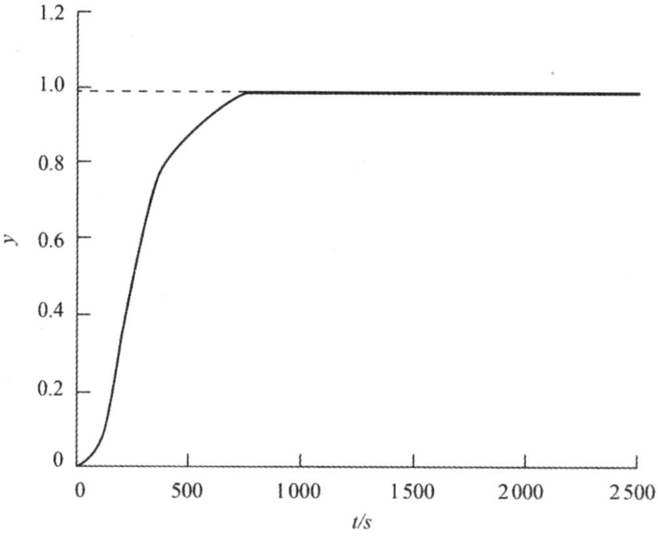

图 6-5 100%复合主汽温系统阶跃响应

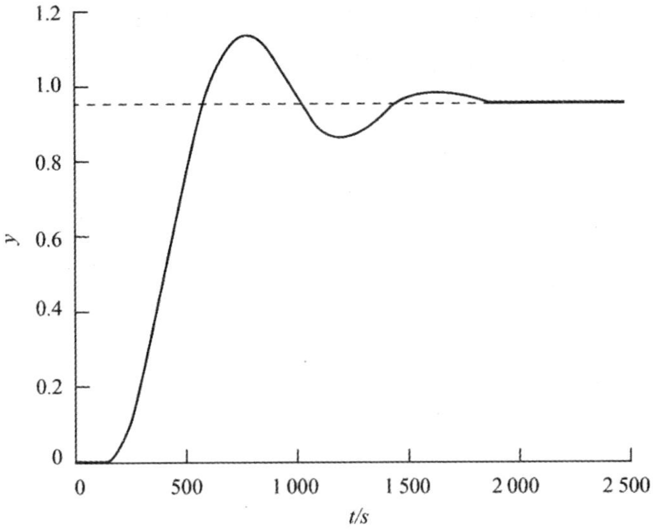

图 6-6 75%复合主汽温系统阶跃响应

图 6-6 给出了在干扰情况下主汽温系统在 75% 负荷时控制仿真曲线。在 1 500s 时加入了 5% 输出端阶跃测量扰动，3 000s 时加入了 100% 的控制量阶跃测量干扰。由图 6-6 可见，系统稳定并且抗干扰能力很强。

仿真结果表明，利用 PSO 优化算法整定主汽温串级控制系统的模糊和 PID 双模控制器的 25 个控制参数，使得系统各项控制品质均达到要求。系统控制性能良好，调整时间短，超调小。负荷大范围变动时系统仍然具有良好的控制特性，鲁棒性较强并且能有效克服内外环的扰动信号。

第三节 基于 RBF 神经网络优化 PID 控制参数设计

为了应用 RBF 神经网络在线优化 PID 控制参数，首先要获取被控对象输出对控制输入的灵敏度信息，为此要对被控对象的雅可比矩阵信息进行辨识；其次 RBF 神经网络通过梯度下降法优化 PID 的控制参数，以不断地获得它们的调整增量。①

一、RBF 神经网络针对被控对象的辨识

RBF 网络是由输入层、隐含层和输出层构成的三层前向网络，输入层到隐含层是非线性映射，但与 BP 网络不同的是，隐含层至输出层却是线性映射。因此，它既能加快学习速度，又能避免局部极小问题。RBF 神经网络在系统运

---

① 吴正阳，徐惠钢，谢启，等 . 多工位电流互感器测试系统智能保护器的实现 [J]. 测控技术，2015（5）：118-120.

行过程中，利用神经网络的自学习能力，使网络的权值系数、基宽向量和中心向量进行自动调整，以获得最优输出。RBF 网络结构如图 6-7 所示[①]。

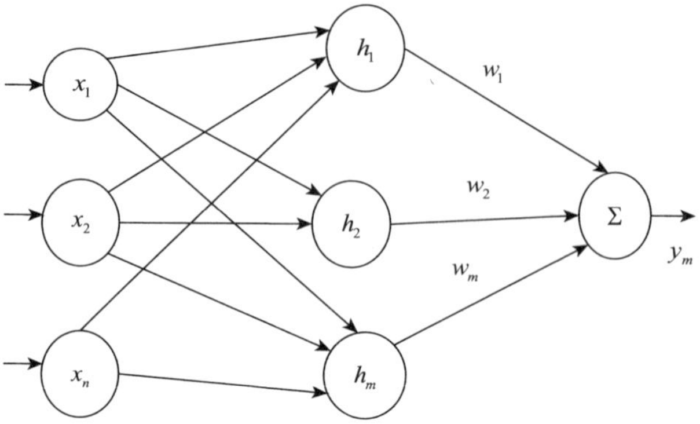

图 6-7 RBF 网络结构

在图 6-7 的 RBF 网络结构中，设 $X=\left[x_1,\ x_2,\ \cdots,\ x_n\right]^T$ 为网络的输入向量，RBF 网络的径向基向量 $H=\left[h_1,\ h_2,\ h_j,\ \cdots,\ h_m\right]^T$，其中 h_j 为高斯基函数：

$$h_j=\exp\left(-\frac{\left\|X-C_j\right\|^2}{2b_j^2}\right)\quad j=1,\ 2,\ \cdots,\ m \tag{6-9}$$

其中，C_j 为 RBF 网络第 j 个结点的中心向量，可表示为：

$$C_j=\left[c_{j1},\ c_{j2},\ \cdots,\ c_{ji},\ \cdots,\ c_{jn}\right]^T\quad i=1,\ 2,\ \cdots,\ n \tag{6-10}$$

设 RBF 网络核函数的基宽向量为：

$$B=\left[b_1,\ b_2,\ \cdots,\ b_m\right]^T \tag{6-11}$$

其中，b_j 为结点 j 的基宽度参数。RBF 网络的权向量为：

$$W=\left[w_1,\ w_2,\ \cdots,\ w_j,\ \cdots,\ w_m\right]^T \tag{6-12a}$$

辨识网络的性能指标函数取为：

$$J_1=\frac{1}{2}\left[y(k)-y_m(k)\right]^2 \tag{6-12b}$$

辨识网络的输出为：

$$y_m(k)=w_1h_1+w_2h_2+\cdots+w_mh_m \tag{6-13}$$

应用梯度下降法求取输出权、结点中心和结点基宽三个参数的迭代算法如下：

$$w_j(k)=w_1(k-1)+\eta\left[y(k)-y_m(k)\right]h_j+a\left[w_j(k-1)-w_j(k-2)\right] \tag{6-14}$$

① 本章图片引自李士勇，李妍. 智能控制 [M]. 北京：清华大学出版社，2016.

$$\Delta b_j = \left[y(k) - y_m(k)\right] w_j h_j \frac{\left\|X - C_j\right\|^2}{b_j^3} \tag{6-15}$$

$$b_j(k) = b_j(k-1) + \eta \Delta b_j + a\left[b_j(k-1) - b_j(k-2)\right] \tag{6-16}$$

$$c_{ji} = \left[y(k) - y_m(k)\right] w_j \frac{x_j - c_{ji}}{b_j^2} \tag{6-17}$$

$$c_{ji}(k) = c_{ji}(k-1) + \eta \Delta c_{ji} + a\left[c_{ji}(k-1) - c_{ji}(k-2)\right] \tag{6-18}$$

其中，η 为学习速率，a 为动量因子。

雅可比矩阵算法为：

$$\frac{\partial y(k)}{\partial \Delta u(k)} \approx \frac{\partial y_m(k)}{\partial \Delta u(k)} = \sum_{j=1}^{m} w_j h_j \frac{c_{ji} - x_1}{b_j^2} \tag{6-19}$$

其中，$x_1 = u(k)$。

二、RBF 网络优化 PID 控制参数的算法

PID 控制中比例、积分和微分三种控制作用如果是简单的线性组合，一般难以达到期望的控制效果。这就需要调整好三种控制作用的关系，使这三者既相互配合又相互制约。因此，可以利用 RBF 神经网络通过学习来优化 PID 控制参数 k_p，k_i 和 k_d。[①]

PID 控制系统的输出误差为：

$$e(k) = r(k) - y(k) \tag{6-20}$$

PID 三种控制作用的输入分别为：

$$\begin{aligned} xc(1) &= e(k) - e(k-1) \\ xc(2) &= e(k) \\ xc(3) &= e(k) - 2e(k-1) + e(k-2) \end{aligned} \tag{6-21}$$

系统控制量为：

$$u(k) = u(k-1) + \Delta u(k) \tag{6-22}$$

控制量的增量为：

$$\Delta u(k) = k_p\left[e(k) - e(k-1)\right] + k_i e(k) + k_d\left[e(k) - 2e(k-1) + e(k-2)\right] \tag{6-23}$$

神经网络优化的指标为：

$$E(k) = \frac{1}{2} e(k)^2 \tag{6-24}$$

① 李希文，郝云芳，李西安．电感智能数字化测量 [J]. 现代电子技术，2001（6）：17-22.

采用梯度下降法优化 k_p，k_i，k_d，它们的增量分别为：

$$\Delta k_p = -\eta \frac{\partial E}{\partial k_p} = -\eta \frac{\partial E}{\partial y} \frac{\partial y}{\partial \Delta u} \frac{\partial \Delta u}{\partial \Delta k_p} = \eta e(k) \frac{\partial y}{\partial \Delta u} xc(1) \qquad (6\text{-}25)$$

$$\Delta k_i = -\eta \frac{\partial E}{\partial k_i} = -\eta \frac{\partial E}{\partial y} \frac{\partial y}{\partial \Delta u} \frac{\partial \Delta u}{\partial \Delta k_i} = \eta e(k) \frac{\partial y}{\partial \Delta u} xc(2)' \qquad (6\text{-}26)$$

$$\Delta k_d = -\eta \frac{\partial E}{\partial k_d} = -\eta \frac{\partial E}{\partial y} \frac{\partial y}{\partial \Delta u} \frac{\partial \Delta u}{\partial \Delta k_d} = \eta e(k) \frac{\partial y}{\partial \Delta u} xc(3) \qquad (6\text{-}27)$$

其中，$\frac{\partial y}{\partial \Delta u}$ 为被控对象的雅可比矩阵信息，可通过 RBF 神经网络的辨识求得。应用 RBF 神经网络优化 PID 控制参数的流程如图 6-8 所示。

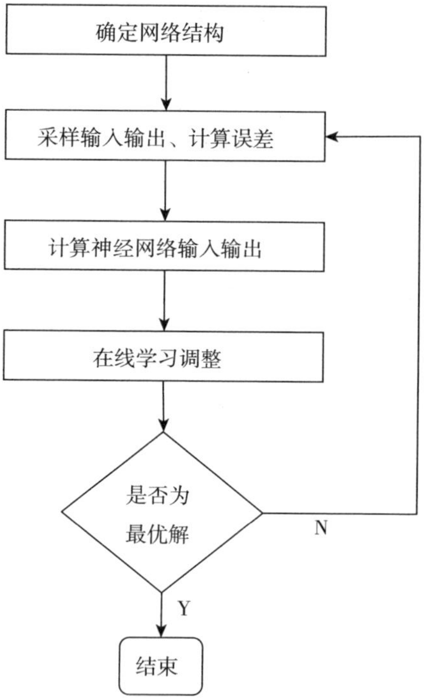

图 6-8 应用 RBF 神经网络优化 PID 控制参数的流程图

第四节 基于免疫算法的模糊神经控制器设计

一、原始的免疫克隆算法

免疫克隆选择算法最先由德·卡斯特罗于 2000 年提出。人工免疫应答机制实质上是抗体不断克隆分裂、复制、发展、成熟的过程。与抗原亲和力大的抗体受到克隆的机会就大，并通过不断变异、选择使得抗体不断成熟。同时，免疫系统的自我调节机制使群体的规模保持在一定的范围内。生物体主要的免疫细胞是B细胞和T细胞，抗原进入体内以后，被B细胞和T细胞识别并刺激B细胞和T细胞进行特异性应答。一方面T细胞复制并激活杀伤性T细胞，杀死被抗原感染的细胞；另一方面通过辅助性T细胞激活B细胞，并使B细胞迅速克隆扩增分化为浆细胞形成抗体。经过不断变异选择，最后发展成为亲和力更强的免疫记忆细胞。①抗体的成熟过程一般分为以下四个步骤。

（1）克隆裂变。抗体生成后迅速与抗原结合，受抗原和免疫细胞活化后，与抗原亲和力高的抗体迅速克隆扩增，亲和力低的抗体被选择克隆的机会相对就少，同时随着抗体的不断进化，它们的基因开始发生小幅变化，生成未成熟的抗体子群。

（2）高频变异成熟。抗体的基因分量发生小幅高频变异，不断扩出新的子个体，局部区域的这些子群体中亲和力最大的个体保留下来成为成熟个体。

（3）选择操作。实质上，淋巴细胞除了扩增或分化成浆细胞外，一些适应度（亲和力）较强又有利于搜索潜在最优解的抗体被选择的机会就大。克隆选择操作实质上是基于抗体的评价值，因此在选择策略上，建立抗体的评价值函数是至关重要的。

（4）免疫反馈调节。免疫细胞受抗原刺激反应后，抗原提呈细胞将抗原信息传递给辅助性T细胞，分泌白细胞介素（IL+）激活免疫反应，从而刺激B细胞产生更多的抗体。当抗体浓度达到一定的量后抑制性T细胞会分泌IL-抑制B细胞克隆扩增。在这一过程中，有些抗体由于亲和力低而死亡，被亲和力更高的抗体所取代。群体中亲和力较高的个体保留下来，并进入下一轮的进化演变，成为亲和力更强的个体。如此反复，直到搜索到满足亲和力要求的抗体，发展成为记忆细胞，从而促进免疫细胞杀灭抗原体。

二、经过改进的免疫克隆选择算法

经过改进的免疫克隆选择算法在克隆策略上采用克隆算子，减少一些常数的确定。同时通过把每一代亲和力较大的抗体用于更新记忆抗体群。根据免疫系统分布式性质，每个抗体分别在其局部区域进行搜索。在选择策略上结合抗体正负反馈调节机制，把抗体在搜索空间的概率密度分布函数和适应度加权作为抗体的选择评价值。由此，抗体被选择进入下一代，不但取决于它在空间分布是否有利于搜索潜在的最优解，而且还取决于其适应度。具体

---

① 张静华，韩璞．一种基于群智能算法的模糊控制器优化设计方法[J]．计算机仿真，2016（9）：380-384.

改进的免疫克隆选择算法流程如图 6-9 所示。

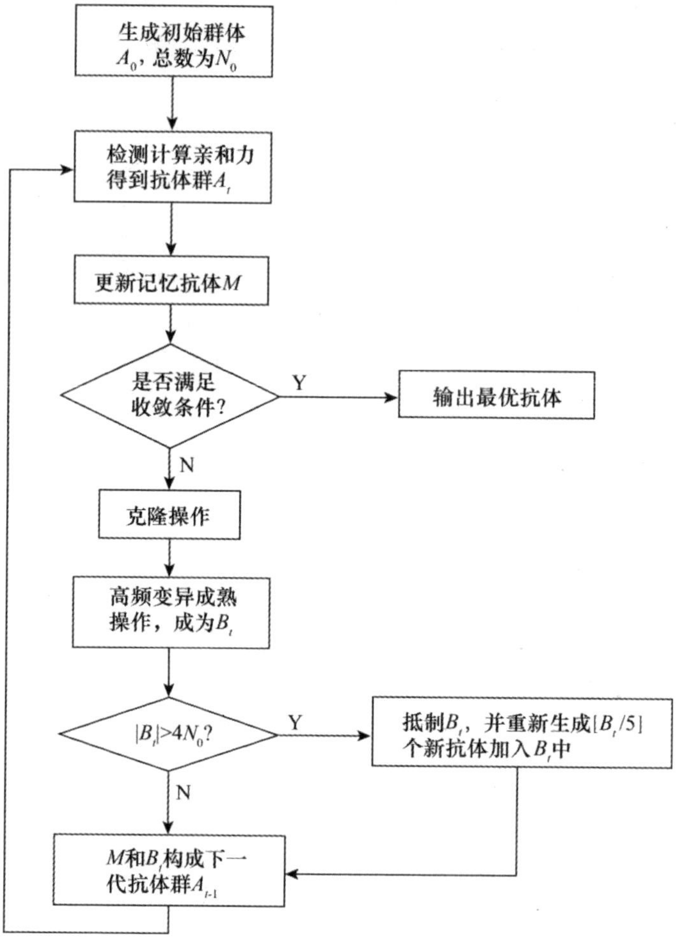

图 6-9 改进的免疫克隆选择算法流程图

改进的免疫克隆算法在克隆操作的基础上由于引入高频变异操作，同时在选择策略上引入熵作为估算个体对搜索潜在的最优解作用的评价值，并以此作为选择抗体进入下一代的依据，更能充分利用当前抗体群的信息进一步搜索更优解，使算法性能得到一定的改善。

三、基于免疫克隆算法的模糊神经控制器优化设计

基于模糊神经网络控制器的优化设计问题可以归结为一个高维空间的搜索问题，规则库、神经网络基函数参数、对应模糊神经网络的权值可以映射成为高维空间的一个点。应用模糊神经网络设计带有误差补偿的 FNN 控制器。对于具有 n 端输入控制的系统，首先将输入量进行分类，把用于重要参考的

k 个输入误差状态变量 $\overline{x}_1=\left(x_1,\ x_2,\ \cdots,\ x_k\right)^T$ 作为模糊神经网络控制器的输入端，另外的（$n-k$）个反应误差变化率的状态变量 $\overline{x}_2=\left(x_{k+1},\ x_{k+2},\ \cdots,\ x_n\right)^T$ 直接通过线性反馈 $\left(K_1,\ K_2,\ \cdots,\ K_{n-k}\right)$ 与模糊神经网络的输出量相加，最后得到控制器的输出，如图 6-10 所示。

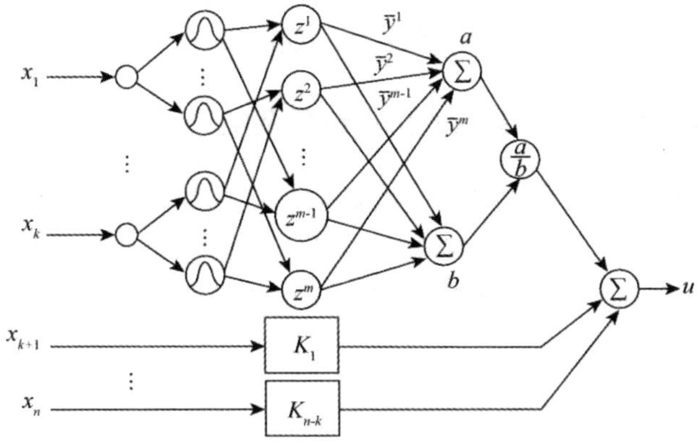

图 6-10 改进的非线性控制器

模糊神经网络实质上是带有乘积推理的模糊系统。对于状态变量 x_i 的 n_i 个模糊集合记为（$\overline{A}_{i1}$，…，$\overline{A}_{ij}$，…，$\overline{A}_{in_i}$），其高斯隶属函数记为：

$$\mu_{ij}\left(x_i\right)=\exp\left(\frac{-\left(x_i-\overline{x}_{ij}\right)^2}{\sigma_{ij}^2}\right) \tag{6-28}$$

由此 k 个状态变量共组成了 $m=\prod_{i=1}^{k}n_i$ 条模糊规则，第 l 条规则对应的乘积高斯算子为：

$$z^l=\prod_{i=1}^{k}\exp\left(-\left(\frac{x_i-\overline{x}_i^l}{\sigma_i^l}\right)^2\right)\quad\left(1\leqslant l\leqslant m\right) \tag{6-29}$$

由此可以方便地用式（6-30）来表示高斯算子。模糊神经网络的输出

$$f=\frac{l=\sum_{l=1}^{m}\overline{y}^l\left[\prod_{i=1}^{k}\exp\left(-\left(\frac{x_i-\overline{x}_i^l}{\sigma_i^l}\right)^2\right)\right]}{\sum_{l=1}^{m}\left[\prod_{i=1}^{k}\exp\left(-\left(\frac{x_i-\overline{x}_i^l}{\sigma_i^l}\right)^2\right)\right]} \tag{6-30}$$

加入线性反馈后，得到具有输入端的控制器输出：

$$u = \sum_{l=1}^{m} \bar{y}^l z^l \Big/ \sum_{l=1}^{m} z^l + K_1 x_{k+1} + \cdots + K_{n-k} x_n \tag{6-31}$$

设控制器作为模糊神经网络输入端的状态变量为 $\overline{x_1} = \left(x_1, \ x_2, \ \cdots, \ x_k\right)^T$，它的每个变量（$x_i$）对应的模糊集合数（$n_i$）是一定的。用改进的免疫算法优化这些参数时，抗原对应要优化的问题，B 细胞产生的抗体及其亲和力分别对应控制器参数的解空间及评价参数的指标函数。

四、非线性自适应控制器的仿真结果及结论

基于模糊神经网络所设计的非线性自适应控制器不需要量化输入状态变量，和传统的模糊控制器结构不完全相同，还要将误差变化率的状态变量线性反馈到输入端。应用改进克隆选择算法优化的模糊神经控制器对倒立摆系统的控制仿真系统原理如图 6-11 所示。

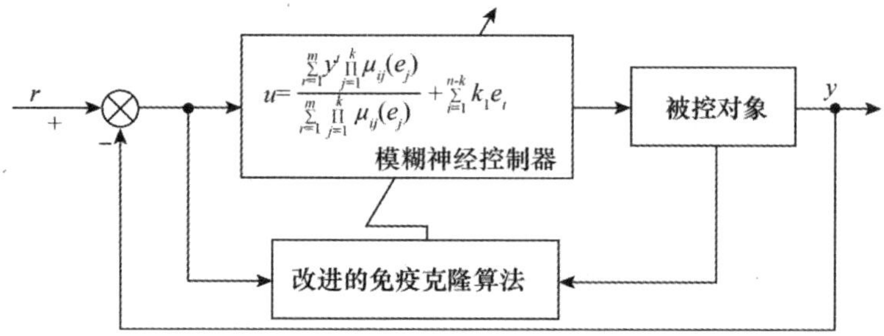

图 6-11 应用改进克隆选择算法优化的模糊神经控制器的原理图

运用所改进的免疫克隆算法，在搜索非线性控制器最优参数时引入检测方法，减少不必要的指标函数计算，大大提高了搜索效率。这种改进算法基于模糊神经网络，结合误差线性反馈，将误差的变化率作为补偿输入控制器的另外输入端，设计了一种新型的非线性控制器。通过对倒立摆控制系统的仿真表明，确定最优参数后，所设计控制器具有很强的鲁棒性和非线性适应能力，而且不需要量化输入的状态变量，调节参数较容易。

参考文献

[1] 高晓蓉 . 传感器技术 [M]. 成都：西南交通大学出版社，2003.

[2] 寇宝泉，程树康 . 交流伺服电机及其控制 [M]. 北京：机械工业出版社，2008.

[3] 李士勇，李研 . 智能控制 [M]. 北京：清华大学出版社，2016.

[4] 李英姿 . 低压电器应用技术 [M]. 北京：机械工业出版社，2009.

[5] 施仁，刘文江，郑辑光 . 自动化仪表与过程控制 [M].5 版 . 北京：电子工业出版社，2011.

[6] 童敏明，唐守锋，董海波 . 传感器原理与应用技术 [M]. 北京：机械工业出版社，2012.

[7] 徐立芳，莫宏伟 . 工业自动化系统与技术 [M]. 哈尔滨：哈尔滨工程大学出版社，2014.

[8] 赵玉刚，邱东 . 传感器基础 [M].2 版 . 北京：北京大学出版社，2013.

[9] 郑魁敬，高建设 . 运动控制技术及工程实践 [M]. 北京：中国电力出版社，2009.

[10] 曹爱军，史杏荣，孙贞涛，等 . 基于多层神经网络的交叉线自动识别 [J]. 中国图象图形学报，2000（2）：149-152.

[11] 邓洲 . 工业机器人发展及其对就业影响 [J]. 地方财政研究，2016（6）：25-31.

[12] 董欣 . 控制理论的进展与交叉学科 [J]. 山西高等学校社会科学学报，2003（1）：48-50.

[13] 葛安林 . 自动变速器（十一）——变速器的自动控制系统（下）[J]. 汽车技术，2002（3）：1-5.

[14] 洪文峰，魏立峰 . 智能金属探测器设计 [J]. 工矿自动化，2013（4）：40-43.

[15] 黄斌，谢国进，梁武三，等 . 基于混合型模糊 PID 的加热炉温度控制系统应用 [J]. 电气传动，2018（2）：43-46.

[16] 江均，王海余，艾昶恩，等 . 智能变电站互感器测试方法研究 [J]. 电气自动化，2014（3）：111-114.

[17] 靳立强，陈鹏飞，黄建凌，等 . 基于模糊逻辑的轮速信号可信度监控 [J]. 汽车工程，2018（1）：121-126.

[18] 兰歆，韦宏利，陈超波 . 一种改进的粒子群算法的分数阶控制研究 [J]. 计算机技术与发展，2018（10）：145-149.

[19] 黎洪洲 . 机电控制系统自动控制技术与一体化设计 [J]. 信息系统工程，2013（8）：36-37.

[20] 李光明，孙英爽，党小娟 . 基于安卓的远程监控系统的设计与实现 [J]. 计算机工程与设计，2016（2）：556-561.

[21] 李希文，郝云芳，李西安 . 电感智能数字化测量 [J]. 现代电子技术，2001（6）：17-22.

[22] 李永亮，张怀清，杨廷栋，等 . 模糊逻辑与复合顺序形态学相结合的叶脉检测方法 [J]. 林业科学，2018（5）：70-77.

[23] 刘亚彬，刘大有，王金鹤 . 利用人工神经网络推断曲线间的空间关系 [J]. 中国图象图形学报，2002（1）：65-70.

[24] 马超，邓超，熊尧，等 . 一种基于混合遗传和粒子群的智能优化算法 [J]. 计算机研究与发展，2013（11）：2278-2286.

[25] 上官海洋，向铁元，张巍，等 . 基于智能优化算法的 FACTS 设备多目标优化配置 [J]. 电网技术，2014（8）：2193-2199.

[26] 王辉，李儒周 . 基于模糊逻辑的体感算法动感逼真度分析 [J]. 科学技术与工程，2018（10）：250-254.

[27] 王立新 . 智能化电感测试系统 [J]. 仪表技术与传感器，2000（9）：36-37.

[28] 吴成渝，王超，李斌 . 模糊自适应 PID 串级控制在主汽温控制中的应用 [J]. 电子设计工程，2018（22）：122-125.

[29] 吴群，王田，王汉武 . 现代智能视频监控研究综述 [J]. 计算机应用研究，2016（6）：1601-1606.

[30] 吴正阳，徐惠钢，谢启，等 . 多工位电流互感器测试系统智能保护器的实现 [J]. 测控技术，2015（5）：118-120.

[31] 杨天祺，黄双喜 . 改进卷积神经网络在分类与推荐中的实例应用 [J]. 计算机应用研究，2018（4）：974-977.

[32] 杨洋，张秋菊 . 粒子群算法自寻优模糊 PID 控制器设计 [J]. 机械制造与自动化，2018（3）：201-204.

[33] 叶平，孙汉旭，贾庆轩，等 . 磁编码器在直流无刷电机换相与控制中的应用 [J]. 仪表技术与传感器，2007（1）：37-38+41.

[34] 尹雷，卿粼波，滕奇志，等 . 基于异构多核嵌入式平台的视频监控系统 [J]. 微电子学与计算机，2016（5）：97-101.

[35] 禹建丽，潘笑天，陈洪根 . 基于模糊逻辑推理的多响应稳健参数优化 [J]. 科学技术与工程，2018（6）：142-149.

[36] 喻一帆 . 国际工业机器人产业发展路径及对我国的启示 [J]. 对外经贸实务，2016（6）：25-28.

[37] 张北伟 . 高校智能控制专业的理论研究——评《智能控制基础》[J]. 教育发展研究，2018（5）：86.

[38] 张静华，韩璞 . 一种基于群智能算法的模糊控制器优化设计方法 [J]. 计算机仿真，2016（9）：380-384.

[39] 周卫东，刘璐，唐佳 . 基于模糊逻辑的交互式多模型滤波算法 [J]. 北京航空航天大学学报，2018（3）：413-419.